于 钥 刘金

小波域中图像超分辨率重建关键技术研究

Research on Key Technologies of Image Super-resolution
Reconstruction in Wavelet Domain

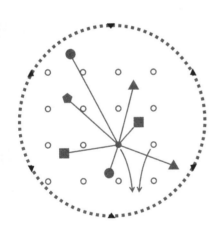

电子科技大学出版社
University of Electronic Science and Technology of China Press

·成都·

图书在版编目（CIP）数据

小波域中图像超分辨率重建关键技术研究／于钥，刘金华，佘堃著. -- 成都：成都电子科大出版社，2025. 3. -- ISBN 978-7-5770-1380-0

Ⅰ. TN911. 73

中国国家版本馆 CIP 数据核字第 2025FB2695 号

小波域中图像超分辨率重建关键技术研究

XIAOBO YU ZHONG TUXIANG CHAO FENBIANLÜ CHONGJIAN GUANJIAN JISHU YANJIU

于　钥　刘金华　佘　堃　著

出 品 人　田　江
策划统筹　杜　倩
策划编辑　彭　敏
责任编辑　姚隆丹
责任设计　李　倩　姚隆丹
责任校对　龙　敏
责任印制　梁　硕

出版发行　电子科技大学出版社
　　　　　成都市一环路东一段 159 号电子信息产业大厦九楼　邮编　610051
主　　页　www. uestcp. com. cn
服务电话　028-83203399
邮购电话　028-83201495

印　　刷　成都久之印刷有限公司
成品尺寸　170 mm × 240 mm
印　　张　10.5
字　　数　190 千字
版　　次　2025 年 3 月第 1 版
印　　次　2025 年 3 月第 1 次印刷
书　　号　ISBN 978-7-5770-1380-0
定　　价　65.00 元

序

FOREWORD

当前，我们正置身于一个前所未有的变革时代，新一轮科技革命和产业变革深入发展，科技的迅猛发展如同破晓的曙光，照亮了人类前行的道路。科技创新已经成为国际战略博弈的主要战场。习近平总书记深刻指出："加快实现高水平科技自立自强，是推动高质量发展的必由之路。"这一重要论断，不仅为我国科技事业发展指明了方向，也激励着每一位科技工作者勇攀高峰、不断前行。

博士研究生教育是国民教育的最高层次，在人才培养和科学研究中发挥着举足轻重的作用，是国家科技创新体系的重要支撑。博士研究生是学科建设和发展的生力军，他们通过深入研究和探索，不断推动学科理论和技术进步。博士论文则是博士学术水平的重要标志性成果，反映了博士研究生的培养水平，具有显著的创新性和前沿性。

由电子科技大学出版社推出的"博士论丛"图书，汇集多学科精英之作，其中《基于时间反演电磁成像的无源互调源定位方法研究》等28篇佳作荣获中国电子学会、中国光学工程学会、中国仪器仪表学会等国家级学会以及电子科技大学的优秀博士论文的殊荣。这些著作理论创新与实践突破并重，微观探秘与宏观解析交织，不仅拓宽了认知边界，也为相关科学技术难题提供了新解。"博士论丛"的出版必将促进优秀学术成果的传播与交流，为创新型人才的培养提供支撑，进一步推动博士教育迈向新高。

青年是国家的未来和民族的希望，青年科技工作者是科技创新的生力军和中坚力量。我也是从一名青年科技工作者成长起来的，希望"博士论丛"的青年学者们再接再厉。我愿此论丛成为青年学者心中之光，照亮科研之路，激励后辈勇攀高峰，为加快建成科技强国贡献力量！

中国工程院院士

2024 年 12 月

前 言

PREFACE

在当今信息化社会，图像作为一种直观且富有信息量的载体，其重要性日益凸显。随着人工智能技术的飞速发展，各行各业对图像质量的要求也达到了前所未有的高度。图像分辨率，作为衡量图像质量的关键指标，直接决定了图像信息的丰富程度和清晰度。然而，在实际应用中，图像的采集、压缩、传输和成像等环节往往受到各种设备和技术条件的限制，导致图像分辨率受损，进而影响了图像信息的有效传递和利用。

图像超分辨率重建技术，作为一种从低分辨率图像中恢复出高分辨率图像的有效手段，近年来受到了广泛的关注和研究。该技术的核心在于通过算法模型，挖掘和利用低分辨率图像中的潜在信息，从而重建出细节丰富、纹理清晰的高分辨率图像。随着深度学习的兴起，基于深度神经网络的图像超分辨率重建方法已成为主流，并在智能交通、医学影像、航空航天、通信传输、影视娱乐等多个领域展现出巨大的应用潜力。

尽管深度学习方法在图像超分辨率重建方面取得了显著的成果，但在空间域中直接进行处理仍难以有效挖掘图像的细节和结构信息。小波分析，作为信号处理领域的重要理论，为解决这一问题提供了新的思路。小波分析能够将信号分解到不同的分辨率上，独立处理各个频率成分，同时逐渐精细地采样高频信号，从而实现对图像细节的精准捕捉。因此，将小波理论与深度神经网络相结合，成为图像超分辨率重建领域的一个研究热点。

本书围绕深度神经网络和小波理论在图像超分辨率重建中的关键技术展开深入研究，旨在探索更高效、更准确的图像重建方法。具体而言，本书主要从网络框架、模块设计以及损失函数几个方面开展了研究讨论。

首先，针对混同处理小波域中所有子带的问题，本书提出了基于小波频率分离注意的图像超分辨率重建网络。

其次，针对单分辨率结构重建小波系数的尺度单一的问题，本书提出了基于深度小波拉普拉斯金字塔的图像超分辨率重建网络。

再次，针对常见的渐进式超分辨率重建模型单向考虑子空间以及单独关注小波域或空间域信息的问题，本书提出了基于小波多分辨率变换分析的图像超分辨率重建网络。

最后，针对通常多分辨率结构信息传递模式单一以及小波系数预测中未关注信号分布特征的问题，本书提出了基于小波金字塔和小波能量熵的图像超分辨率重建网络。同时，通过设计小波能量熵损失函数，从信号能量分布特征的角度约束小波系数的重构，进一步提高重建图像的质量。

本书在深度神经网络和小波理论的基础上，对图像超分辨率重建的关键技术进行了研究和探索，希望能为相关领域的研究和应用起到抛砖引玉的作用。

在撰写本书的过程中，笔者受到了佘堃、刘金华、施开波、Yeng Chai Soh 以及 Oh – Min Kwon 等教授的指导，以及雷磊、蔡肖、许向亮以及谢远伦博士的大量帮助，在此致以深深的谢意。

本书的出版得到了四川省科技计划（2025ZNSFSC1483）资助，以及成都大学、电子科技大学的支持，在此表示衷心的感谢。

为了表达的正确性，同时考虑受众的阅读习惯，本书中部分保留了原文献中的英文表达。尽管做了大量认真的工作，由于笔者知识水平有限，书中难免有不妥和错误，恳请读者不吝批评和指正。

于　钥

2024 年 12 月

目 录
CONTENTS

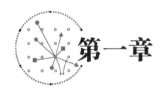

第一章

绪　论

1.1　研究背景与意义

作为人类的高级感官，视觉是获取外部信息的主要途径之一，它对社会生产和人类的日常生活都具有重要影响。当今社会，图像已经成为视觉信息的主要传播方式之一，受到广泛的关注和研究。随着人工智能时代的到来，图像信息变得越来越重要，越来越多的研究和应用都需要依赖它。因此，获得高质量的图像不仅在日常生活中至关重要，而且对推动人工智能任务也具有重要意义。

图像超分辨率（super‐resolution，SR）重建技术是一个跨学科领域，涵盖了信息光学、数字图像处理与模式识别、计算机视觉以及机器学习等多个领域的知识[1]。作为一种高效的图像处理技术，超分辨率重建技术备受学术界和工业界关注，并在各行各业得到广泛应用。其研究成果具有重要理论意义和实践价值，提供了有效解决低分辨率图像（low-resolution，LR）限制的途径。随着数字图像处理和计算机视觉技术的蓬勃发展，超分辨率重建技术已成为提升图像质量和细节的重要工具。这项技术在智能交通、医学影像、航空航天、通信传输、影视娱乐等多个技术都受到广泛关注，并有着巨大的应用潜力。

在智能交通领域的监控和管理中，图像细节的准确捕捉对识别车辆、车牌和行人等关键信息至关重要。受到技术和成本等因素的限制，常见的监控摄像头往往只能提供信息模糊的低分辨率图像。通过超分辨率重建可以提高监控摄像头的图像质量，从而增强对目标的识别和跟踪能力。这有助于改善交通安全、提高交通效率，并为城市智能交通系统提供更可靠的监控和管理功能。

在医学影像领域，X 射线(X-ray)、计算机断层扫描(computed tomography，CT)和磁共振成像(magnetic resonance imaging，MRI)等技术被广泛用于获取骨骼、组织器官的影像。这些医学影像在科学研究和临床实践中扮演着重要的角色。然而，它们的分辨率受到医学成像设备、辐射剂量和扫描方法等限制。因此，采用超分辨率重建方法能有效地提升医学影像中有用的细节信息，帮助医生更准确地发现和识别病变，同时为人工智能医学诊断提供了有效的支持，具有重要的实际意义。

在航空航天领域，航拍和卫星获取的遥感图像在军事和民用领域得到广泛运用。然而，遥感图像的采集往往受携带设备及环境条件等因素的限制，导致出现成像分辨率不足的问题，限制了其在目标检测、分类和识别等后续分析任务的效果。因此，利用超分辨率重建技术处理遥感图像，可以增加关键目标区域的分辨率、重建丢失的细节信息，从而为灾情检测、军事侦察等提供更丰富有效的信息。

在通信传输领域，随着短视频、网络直播、远程办公等应用的普及，大量数据的传输给带宽和成本造成了沉重的负担。此外，在卫星数据传输等场景下，传输带宽有限，使实时传输高分辨率的图像十分困难。人们对图像数据传输速度与清晰度的要求不断提高，导致图像传输需求也快速增长。借助图像超分辨率重建技术突破传统压缩方式的限制，可以在降低图像传输成本和传输时延、节省传输资源的同时保持图像质量。

在影视娱乐领域，随着显示技术的不断提升，如 4K、8K 等超高清显示

的普及，以及平板电脑、大屏显示、VR 等设备的广泛应用，对于高清电影图像和游戏画面资源的显示需求与日俱增。并且，对于以前的资源，人们也希望得到修复和提升。因此，利用图像超分辨率重建技术可以增强分辨率，为用户呈现出细节丰富、清晰锐利的视觉效果，提供更优质的观影和游戏体验。

近年来，随着深度学习技术的迅猛发展，超分辨率重建技术已经成为图像处理领域的热门话题，推动了信号处理、神经网络等相关研究领域的蓬勃发展。在这一进程中，神经网络在图像处理领域表现出了出色的学习和表示能力。通过深度学习，神经网络能够利用大量数据学习图像的复杂特征，为解决超分辨率重建问题提供了强大的建模工具。深度神经网络能够学习图像的非线性映射，从而在生成高分辨率图像方面取得了显著的性能提升。同时，小波理论的应用也引起了越来越多的学者关注。小波理论可以在不同频率和尺度上对信号进行分解和重构。通过小波分析，可以更好地处理图像中的多尺度特征，使超分辨率重建技术能够更有效地捕捉图像的局部细节和全局结构。这种灵活而适应性强的表示方式为超分辨率重建技术提供了更加强大的处理图像特征的能力，有助于提高图像质量和细节重建效果。因此，在超分辨率重建领域中引入小波分析理论具有重要意义。结合小波理论和神经网络的超分辨率重建技术能够充分发挥两者的优势，以解决传统方法中对高频信息关注不足的问题。引入小波分析的多分辨率特征能够更全面地考虑图像的细节和结构信息。这不仅有助于提高超分辨率重建方法对图像质量的重建能力，还能够适应不同应用场景下对图像特征的多样化需求。因此，基于小波理论和神经网络的超分辨率重建研究在推动图像处理技术发展、提高图像质量以及满足实际工作和生活需求等方面具有重要的理论和实际意义。

1.2 国内外研究动态

1.2.1 图像超分辨率重建技术

图像超分辨率重建技术旨在从低分辨率图像中恢复丢失的细节信息，以重建高分辨率图像。该技术有多种分类方式。例如，根据输入图像的数量和类型，通常可以分为单幅图像超分辨率(single image super – resolution，SISR)、双目图像超分辨率、多幅图像超分辨率、高光谱图像超分辨率以及视频图像超分辨率[2]。又如，根据处理的域，图像超分辨率重建技术可分为空间域、频域和小波域超分辨率[3]。

20 世纪 60 年代，Harris[4] 和 Goodman[5] 在光学成像领域提出提高图像分辨率的相关工作，首次引入了超分辨率重建的概念。直到 20 世纪 80 年代，特别是 1984 年 Tsai 等人[6] 提出了基于图像序列的遥感图像超分辨率重建方法，引起了国内外众多学者对频域中超分辨率问题的研究热情，从而推动了超分辨率重建技术进一步发展。小波变换作为一种局部变换，对高频信息更加敏感。为了充分利用小波的优势，Nguyen[7] 与 Chavez-Roman 等人[8] 将图像转换到小波域中，并结合插值算法进行超分辨率重建。此后，学者们陆续在空间域和变换域基于插值等算法进行研究[9]。2014 年，Dong 等人[10] 将深度学习引入超分辨率任务中，这标志着超分辨率问题的解决进入了新的阶段。因此，通常对超分辨率重建的研究也可分为经典超分辨率方法和深度学习超分辨率方法。

这里先进一步分析经典超分辨率方法。学者们已经尝试从多种角度来

解决超分辨率重建问题。经典超分辨率方法主要包含了基于插值的算法、基于重建的算法以及基于学习的方法[11]。

基于插值的经典超分辨率重建算法通过对相近像素值进行加权处理来估计高分辨率图像中的未知像素。这类算法通常分为线性插值[12-14]和非线性插值[15-16]两种方式。线性插值方法通常包含最近邻插值[17]、双线性插值[18]和双三次插值[19]等。它们使用设计的插值函数从低分辨率采样点来估算高分辨率图像中的像素。然而，在图像跨边缘区域可能会出现像素不连续性的情况，导致生成的图像存在局部平滑、边缘锯齿等。因此，各种非线性图像插值方法被提出。其中，一些技术通过图像边缘检测或高通滤波关注边缘，并进行增强操作[15]；另一些技术利用图像经过小波分解后不同尺度之间的统计相似性，从低分辨率图像中预测出高分辨率的细节[20-21]。其中，Carey 及其团队[20]提出了一种方法，通过外推小波变换系数在不同尺度之间的衰减来估计边缘的规律性，以合成新的子带。通过结合新旧子带生成了保持原始图像局部规律性但又避免了过度平滑的高分辨率图像。Zhu 等人[21]将插值问题视为一个统计信号估计问题，并提出了一种基于统计信号估计的小波域图像插值方法。Zhang 等人[16]提出了一种边缘引导的非线性插值方法，将方向滤波与数据融合相结合，通过线性最小均方误差估计，结合在两个正交方向上分别定义的观察集中估计的像素值来进行插值。Zhang 等人采用等值线法检测纹理，并将低分辨率图像划分为纹理区域和非纹理区域，然后对两个区域分别使用有理分形插值和有理插值[22]。总体上，基于插值的经典超分辨率重建算法理论简洁、计算速度快。但生成的图像常过度平滑，在恢复高频细节方面表现不佳，尤其在大比例插值或复杂纹理情况下可能出现更多伪影。

基于重建的图像超分辨方法假设高分辨率图像经过一定退化方式生成低分辨率图像，并利用图像的先验知识在约束条件下估计高分辨率图像。该方法能够结合一些图像先验知识（如边缘先验[23-24]、梯度轮廓先验[25-26]、非局部均值[27-28]以及稀疏性[29-30]等），通过正则化方法构造约束条件，以求解高分辨率图像。

为了在构建高分辨率图像时保持边缘的锐利性，Fattal 等人[23]将不同分辨率中某些边缘特征相关的统计边缘依赖性作为先验。Dai 等人[24]则将软边平滑度作为先验知识。Wang 等人[31]先从输入的低分辨率图像中估计出一个具有锐利边缘的高分辨率图像梯度场，然后将获得的梯度视为边缘保持约束，用以重建高分辨率图像。

一些方法利用图像中学到的梯度轮廓的先验知识来描述图像梯度的形状和锐利度。Sun 等人[25]提出了一种梯度场变换来生成高分辨率梯度场，并利用该梯度域约束重建更高分辨率图像。Tai 等人[26]在研究中首先利用图像的梯度轮廓先验在重建时保持低分辨率图像关键的边缘结构，并结合基于学习的方法补充细节。

另一些方法使用非局部均值约束超分辨率重建。如将用于去噪点的非局部均值算法推广为超分辨率重建算法，无须运动估计就能将多个低分辨率图像重建为一个高分辨率图像[27]。Zhang 等人[28]从低分辨率图像中学习非局部和局部正则化先验，利用这两种互补的正则项组合设计超分辨率重建框架。其中，使用非局部均值滤波器学习非局部先验，并利用转向核回归学习局部先验。

对于稀疏性先验的使用，Dong 等人[29]还引入了自适应稀疏域选择和非局部自相似性约束。Ren 等人[32]利用上下文信息感知的稀疏性先验，提出了一种基于马尔可夫随机场模型的方法，将局部先验调整为全局先验，以处理任意尺寸的图像[32]。Peleg 等人[30]采用基于稀疏表示的统计预测模型来解决 SISR 问题。相比于插值为基础的超分辨率重建方法，基于重建的技术通常能够产生更清晰、更锐利的高分辨率图像。然而，这些方法仍然存在着丢失结构细节的风险，导致结果出现过度平滑的情况。特别是在执行大尺度的超分辨率任务时表现不佳[33]。

基于深度学习的超分辨率方法包括基于内部样例学习的方法和基于外部样例学习的方法。基于内部样例学习的方法通过利用图像自身的纹理和

结构等信息进行重建。Freedman[34]等人基于自然图像的局部自相似性假设，不依赖于外部数据来放大图像。该方法从输入图像的局部区域提取图像块，搜索最相似的图像块，通过新型滤波器组生成与输入图像高度一致的高分辨率图像，并支持在图形处理器（GPU）上的并行实现。Yang 等人[35]证实了高分辨率图像块往往与其低分辨率图像原始位置周围的内容高度匹配，然后利用已知样例学习从低分辨率到高分辨率图像块的非线性映射函数的一阶近似。Cui 等人[36]提出了一种深度网络级联模型，先通过非局部自相似性搜索来增强图像区块的高频纹理，然后利用协同局部自编码器级联抑制噪声并优化超分辨率重建结果。由于从给定图像获得的内部字典并不总是具有足够的能力来覆盖场景中的纹理外观变化，Huang 等人[37]拓展了基于自相似性的超分辨率重建方法，使用检测到的透视几何来指导图像块的搜索过程，还结合了额外的仿射变换来适应局部形状变化。

传统的基于外部样例学习的超分辨率重建方法主要有基于邻域嵌入和基于稀疏编码的方法。基于邻域嵌入的方法假设高低分辨率图像块在两个不同特征空间中能形成具有相似的局部几何结构的流形[38]。因此，Chang 等人[38]在工作中通过在相应的训练集中找到多个最近的邻域估计高分辨率输出。Yang 等人[39]探索图像块多视角特征和局部空间领域，提出了一种双几何邻居嵌入方法。基于稀疏编码的方法[40]假设低分辨率和高分辨率图像块具有相似的稀疏表示系数，通过联合训练低分辨率和高分辨率图像块字典，拼接重建的高分辨率图像块来生成目标图像。

虽然基于深度学习的方法也属于学习方法的一种，但由于当前该方法面临着巨大的关注和广泛的研究，笔者将在下面单独将其作为一类研究方法进行介绍。

深度学习超分辨率方法：Dong 等人在超分辨率领域首次引入卷积神经网络，实现端到端生成高分辨率图像后，许多基于深度学习和神经网络模型解决超分辨率问题的方法相继涌现。为加快超分辨率重建速度，Dong 等人[41]提出的快速超分辨率卷积神经网络（FSRCNN），引入反卷积层作为上采样模块，并将上采样从网络前端移到网络后端，从而加速超分辨率重建过程。Kim 等人[42]设计 VDSR，通过引入残差学习，增加超分辨率重建网络深度，从而扩大生成图像的感受野。Ledig 等人[43]提出了 SRGAN，引入生成对抗性网络来解决图像超分辨率重建问题。Wang 等人[44]提出由 ESRGAN 引入残差密集块代替 SRGAN 中的残差模块，并引入了用真实图像与生成图像间的相对距离来改进对抗损失，以提高重建视觉质量。SRFlow 先将条件归一化流引入超分辨率任务中，并获得优于 GAN 方法的重建结果[45]。Wang 等人[46]通过将深层网络与浅层网络集成，来捕获图像主要信息，并降低网络学习难度。SRDiff 作为首个基于扩散的单幅图像超分辨率模型，以输入的低分辨率图像作为条件，逐步生成高分辨率图像[47]。受去噪扩散概率模型影响，SR3 通过对图像分布不断地细化来生成高质量图像[48]。Cao 等人[49]提出了前置校正网络，对真实情况下不同的退化方式进行校正，从而使基于单一退化方式的超分辨率重建算法在盲超分场景下获得性能提升。

基于深度学习的超分辨率重建方法不仅在自然图像领域得到了广泛应用，还在许多其他领域取得了显著成果。由于 CT 图像分辨率较低，Qiu 等人[50]提出残差稠密注意力网络，以更少的参数量和计算成本来更好地提取特征。为了改善医学图像的空间分辨率，Zhao 等人[51]提出了一种通道分割和串行融合网络。该网络将分层特征分割为一系列子特征后以串行方式进行集成。Wu 等人[52]提出了一种用于恢复任意尺度的 3D 高分辨率核磁共振图像的超分辨率方法。Hu 等人[53]充分融合、提炼空间和时间特征来提高视频超分辨率重建质量。为恢复高分辨率场景文本图像，Ma 等人[54]提出了一个多阶段文本先验引导的超分辨率框架。Xiao 等人[55]首先引入了扩散概率模型高效处理遥感图像超分辨率任务。

除了在空间域中研究超分辨率重建问题，学者们还尝试从其他变换域，如小波域，来解决超分辨率重建问题。Sun 等人[56]注意到，基于深度学习的图像超分辨率重建方法主要集中于图像的空间域，对图像频域中高频信

息的关注不足，从而导致生成的图像在细节方面相对平滑，缺乏细节和清晰结构。因此，他们利用小波变换提取图像细节对高频子带进行了重建，并获得了比空间域中结构[57]更高的重建质量。Zhang 等人[58]结合 VDSR 和小波变换，在小波域中从不同内插方式和不同网络层数方面进行了改进。Zhang 等人[59]引入小波变换并结合生成式网络模型 SRGAN，恢复出了具有更丰富全局信息和更鲁棒高频纹理细节的图像。Duan 等人[60]通过特征提取网络、推理网络和重建网络来重建小波系数，并且设计了结合小波域与空间域的损失函数。Dharejo 等人[61]设计了基于小波变换和迁移学习的多模态医学图像超分辨率模型，通过小波变换将低分辨率图像分成多个子频带，使用多注意力生成对抗网络和上采样块来预测高频分量。

1.2.2 小波理论在深度学习中的运用

小波理论作为一种有效的信号处理方法，在深度学习时代依然受到学者们的广泛关注。在底层视觉任务中，Guo 等人[62]的工作提出了 DWSR，首次将超分辨率重建问题转化为小波系数预测问题。他们利用了小波系数的稀疏性来提升模型性能，网络学习低分辨率图像与高分辨率图像之间小波系数的残差。针对人脸超分辨率重建问题，Huang 等人[63]采用小波包分解，并联合使用小波预测损失、纹理损失和全局损失。Zhang 等人[64]同时重建多个层级的小波系数，并用循环神经网络协助预测各个频带。而 Hsu 等人[65]基于小波金字塔为超分辨率任务，设计了网络结构和联合损失函数。与仅使用去噪或超分一种技术来提升光学遥感图像空间质量的方法不同，Feng 等人[66]将去噪和超分融合到统一框架中，并在小波域中分别处理不同频率部分以提升图像质量。Gu 等人[67]提出噪声分离的高性能无监督深度学习方法，有效减少了低剂量 CT 图像中的噪声。其采用小波变换来提取低剂量和高剂量 CT 图像的高频分量以分离噪声，再使用 CycleGAN 进行无监督训练来估计噪声成分。Ma 等人[68]提出端到端优化图像压缩方案

iWave。通过训练的类小波变换 iWave 将图像转换为系数再进行选择性量化，从而避免了先将图像转化为潜在特征，再进行量化可能带来的信息损失。在图像水印领域，Luo 等人[69]采用整数小波变换对四个子带分别进行处理。为应对单幅图像去雪算法中雪形状和大小的多样性，Chen 等人[70]采用双树复小波变换更好地表示复杂的雪花形状，并为网络设计了复小波损失。Zhang 等人[71]引入了加权小波视觉感知融合策略，通过在不同尺度下融合图像的高频和低频分量来获得高质量的水下图像。Tian 等人[72]通过小波变换和残差密集块的组合来融合频率特征和结构特征，以抑制噪声和增强复杂场景的鲁棒性。

此外，结合小波理论的深度学习方案也在高级视觉任务中得到了广泛关注。Liu 等人[73]引入了小波包变换模块，通过在小波域空间的多个尺度上捕获与年龄相关的纹理细节，提高人脸老化生成图像的视觉保真度。Fujieda 等人[74]同时考虑空间域和小波域信息，在单个模型下很好地捕获两种类型的特征，再统一起来以解决纹理分类的困难。Lu 等人[75]使用双树复小波池化层连代替 CNN 中的传统池化，将图像分解为多个小波子带，保留更多关键纹理信息并通过滤除高频子带来减少噪声，从而在甲状腺光学相干断层扫描图像分割任务中获得了更高的一致性和准确性。Yoo 等人[76]提出一种结合小波的端到端逼真风格转移方法，使用小波池化和反池化替代 VGG 编码器和解码器中的池化和反池化操作来校正传输，并融合渐进式风格化，以减少过程中噪声的放大。为了解决合成孔径雷达(SAR)图像的海冰变化检测，Gao 等人[77]引入了双树复小波变换到卷积神经网络中，用于对图像中变化和未变化像素进行分类，从而有效减少了斑点噪声的影响。为弥补手机拍摄和数码单反相机拍摄图像的差距，Dai 等人[78]利用注意力机制和小波变换设计神经网络来获得可学习的图像 ISP 流水线。Li 等人[79]设计了小波集成深度网络，通过使用 DWT 与 IDWT 来完成上采样、下采样操作。应用 DWT 在特征图下采样期间提取数据细节，并在上采样期间结合编码时提取的高频分量信息并使用 IDWT 上采样图像，实现了更好的分割

性能。受小波理论的启发，Yao 等人[80]构建了一种新的模型（Wave-ViT），通过小波变换和自注意力学习来形成无损可逆的下采样，有助于效率与准确性之间的权衡。此外，利用逆小波变换通过聚合具有增大感受野的局部上下文来增强自注意力输出。Chen 等人[81]将图像轮廓波系数的编码用于建模图像的上下文信息，以获取图像的多尺度、多方向特征。受人类视觉系统启发，Liu 等人[82]构建了多尺度轮廓波滤波器组，以多尺度和多方向的方式提取稀疏特征。

结合小波分解与深度学习中的小波池化在多种任务中被广泛探究[83]。Li 等人[84]利用小波池化让特征图在下采样过程中被分解为低频成分和高频成分。其中，捕捉了基本对象结构等关键信息的低频成分被传递到后续网络以提取高级特征；而包含数据噪声的高频成分在后续推断过程中被丢弃，以增强网络的抗噪性能。Duan 等人[85]基于卷积小波神经网络分割图像，设计了一个小波约束池化层，用来取代传统的池化操作。该约束池化层能够在抑制噪声的同时更好地保留特征结构的学习，从而有效促进图像分割任务的执行。采用小波池化的 WaveCNet 网络在图像分类和目标检测任务中均获得了提升[86]。多任务小波校正网络 MWC-Net 用于图像篡改伪造的检测和定位[87]。其利用小波池化和小波反池化来压缩和重构篡改伪造图像的特征，减少了学习特征过程中的信息丢失，从而获取了更全面和更有代表性的特征。Banu 等人[88]将小波池化与注意力门控模块相结合，用于压缩特征图的大小并聚焦于特征图中的语义内容以准确分割和检测叶片。

小波理论与深度学习结合除了更多在高级视觉任务中使用，在底层视觉任务上也引起了越来越多的关注。但目前在底层视觉任务中，主要将图像转换到小波域中，并通过网络预测小波系数。更深入地挖掘小波理论来指导神经网络模型的设计与训练值得被进一步探究。

1.3 相关理论知识

1.3.1 小波理论

本书涉及了离散小波变换和平稳小波变换的相关知识。下面先对离散小波变换的基础理论进行介绍。DWT 常用 Mallat 算法[89]将信号经过一系列的低通滤波和高通滤波操作，快速计算到离散小波系数。该算法的关键是通过多级滤波和下采样，将信号分解成不同尺度上的近似系数和细节系数。这种分解产生了一系列嵌套的逼近子空间，从而实现了多分辨率空间[90]。对于整数值的 j，可以构建一系列具有嵌套关系的逼近子空间：

$$\cdots V_{-2} \subset V_{-1} \subset V_0 \subset V_1 \subset V_2 \subset \cdots \tag{1-1}$$

其中，对于尺度函数 $\varphi(t)$，如果 $\varphi(t) \in V_j (j = \cdots, -1, 0, 1, \cdots)$，那么 $\varphi(2t) \in V_{j+1}$，且有 $\varphi(2^i t) \in V_{j+i}$。函数 $f(t)$ 可以通过尺度函数 $\varphi(t)$ 和小波函数 $\psi(t)$ 投影到子空间上。其中近似系数 $c_j[n]$ 定义为 $f(t)$ 与尺度函数 $\varphi(t)$ 的尺度伸缩和平移函数族的内积：

$$c_j[n] = \langle f(t), \varphi_{j,n}(t) \rangle = \langle f(t), 2^{\frac{j}{2}} \varphi(2^j t - n) \rangle \tag{1-2}$$

同时，细节系数 $w_j[n]$ 同样以与小波函数 $\psi(t)$ 内积的方式计算如下：

$$w_j[n] = \langle f(t), \psi_{j,n}(t) \rangle = f \langle (t), 2^{\frac{j}{2}} \psi(2^j t - n) \rangle \tag{1-3}$$

考虑离散情况下，利用离散低频滤波器 h 和离散高频滤波器 g，系数 $c_{j+1}[n]$ 和 $w_{j+1}[n]$ 可以通过下式计算：

$$\begin{cases} c_{j+1}[n] = \sum_k h[k-2n] c_j[k] \\ w_{j+1}[n] = \sum_k g[k-2n] c_j[k] \end{cases} \tag{1-4}$$

然后，用 $[\ ]_{\downarrow 2}$ 来代表仅保留偶数位置点的下采样，且令 $\bar{h}[n] = h[-n], \bar{g}[n] = g[-n]$，可以得到：

$$\begin{cases} c_{j+1}[n] = [\bar{h}[n] * c_j]_{\downarrow 2} \\ w_{j+1}[n] = [\bar{g}[n] * c_j]_{\downarrow 2} \end{cases} \tag{1-5}$$

其中，$*$ 表示离散卷积。通过引入 h 和 g 的对偶滤波器 $\bar{h}$ 和 $\bar{g}$，信号的重构过程可以表示如下[91]：

$$\begin{aligned} c_j[n] &= 2\sum_k (\bar{h}[k+2n]c_{j+1}[k] + \bar{g}[k+2n]w_{j+1}[k]) \\ &= 2(\bar{h} * \check{c}_{j+1} + \bar{g} * \check{w}_{j+1})[n] \end{aligned} \tag{1-6}$$

其中，$\check{c}_{j+1}$ 代表对 c_{j+1} 的补零插值，定义如下：

$$\check{c}_{j+1}[n] = [c_{j+1}]_{\uparrow 2}[n] = \begin{cases} c_{j+1}[m], & n = 2m \\ 0, & \text{其他} \end{cases} \tag{1-7}$$

将离散小波变换的算法从一维扩展到二维，会依次生成近似子带系数以及水平、垂直、对角细节。其中近似子带系数的尺度函数定义为 $\varphi(t_1, t_2) = \varphi(t_1)\varphi(t_2)$。从当前层级系数到下一层级系数的计算方式如下：

$$\begin{aligned} c_j[k, l] &= \sum_{a,b} h[a-2k]h[b-2l]c_j[a, b] \\ &= [h\bar{h} * c_j]_{\downarrow 2,2}[k, l] \end{aligned} \tag{1-8}$$

其中，$[\cdot]_{\downarrow 2,2}$ 表示沿着行和列的二维采样；$h\bar{h} * c_j$ 表示首先沿着行进行水平卷积，然后沿着列进行垂直卷积。同时，二维信号的细节系数可以通过以下的方式得到：

$$\begin{cases} \psi^h(t_1, t_2) = \varphi(t_1)\psi(t_2) \\ \psi^v(t_1, t_2) = \psi(t_1)\varphi(t_2) \\ \psi^d(t_1, t_2) = \psi(t_1)\psi(t_2) \end{cases} \tag{1-9}$$

即在每个层级对应产生的三个细节小波子带为

$$\begin{cases} w_{j+1}^h[k, l] = \sum_{a,b} h[a-2k]g[b-2l]c_j[a, b] = [hg * c_j]_{\downarrow 2,2}[k, l] \\ w_{j+1}^v[k, l] = \sum_{a,b} g[a-2k]h[b-2l]c_j[a, b] = [gh * c_j]_{\downarrow 2,2}[k, l] \\ w_{j+1}^d[k, l] = \sum_{a,b} g[a-2k]g[b-2l]c_j[a, b] = [gg * c_j]_{\downarrow 2,2}[k, l] \end{cases} \tag{1-10}$$

同时，类似一维情况，二维情况的小波重构可以表示为

$$c_j[n] = 4(\overline{h}\,\overline{h} * \check{c}_{j+1} + \overline{h}\,\overline{g} * \check{w}_{j+1}^{h} + \overline{g}\,\overline{h} * \check{w}_{j+1}^{v} + \overline{g}\,\overline{g} * \check{w}_{j+1}^{d})[n] \qquad (1\text{-}11)$$

不同于离散小波变换，平稳小波变换在每一个层级均不会对信号进行下采样[92]，获得的近似信号和细节信号与原始信号保持相同的尺寸，即相较于离散小波变换，平稳小波变换在滤波器中采用了插值补零算子来对滤波器进行上采样。除此之外，平稳小波变换的分解与重建都与离散小波相近。

下面对二维离散平稳小波变换（2D-SWT）进行简要介绍。由于 2D-SWT 是建立在一维离散平稳小波变换（1D-SWT）的基础上的，这里先对 1D-SWT 进行介绍。1D-SWT 的小波分解过程如图 1-1 所示。在这个过程中，I 代表的是初始信号；H_i 表示平稳小波变换的高通滤波器；L_i 表示平稳小波变换的低通滤波器。小波分解可以被分为多个层级，即 $i = 1, 2, 3, \cdots, N$，表示第 i 层级。通常情况下，多级分解只对经过低通滤波器变换后的结果进行进一步分解，而无须再分解高通滤波器变换后的结果。

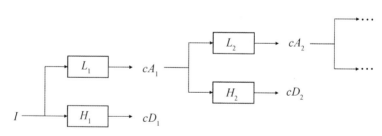

图 1-1　一维离散平稳小波分解过程

1D-SWT 分解过程的计算如下：

$$\begin{cases} cA_i = L_i(cA_{i-1}) \\ cD_i = H_i(cA_{i-1}) \end{cases} \qquad (1\text{-}12)$$

其中，cA_i 代表了低频近似系数；cD_i 代表高频细节系数。有 $cA_0 = I$，即小波分解开始的输入为初始信号。平稳小波重建的过程则是其分解过程的逆过程。

2D-SWT 可以视为信号在行和列方向上分别执行 1D-SWT。在 2D-SWT 的

小波分解过程中(图1-2)，每个层级先对信号的每一行进行平稳小波变换，得到的变换结果再分别对每一列进行平稳小波变换。在同一层级的变换中，行变换和列变换都会使用到对应的高通滤波器 H_i 和低通滤波器 L_i。

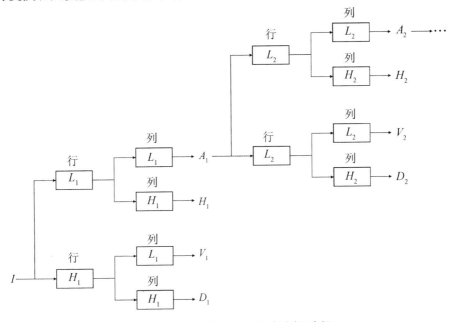

图1-2　二维离散平稳小波分解过程

与离散小波变换相比，2D-SWT 无须对信号进行下采样操作。在2D-SWT中，四个子带系数 A_i、H_i、V_i、D_i 分别代表了信号的近似、水平、垂直和对角子带信息。2D-SWT分解过程的计算公式如下：

$$\begin{cases} A_i = L_i(L_i(A_{i-1})) \\ H_i = H_i(L_i(A_{i-1})) \\ V_i = L_i(H_i(A_{i-1})) \\ D_i = H_i(H_i(A_{i-1})) \end{cases} \tag{1-13}$$

其中，下标 $i=1$，2，3，…，N，表示子带系数的不同层级。例如，D_1 表示一层小波分解后的对角细节子带系数。在 $i=0$ 时，A_0 代表空间域的初始信号，即 I。随后的每个层级 i 的子带系数都可以由前一层级 $i-1$ 的系数相应地生成。

1.3.2 深度学习超分辨率

低分辨率图像被认为是其对应高分辨率图像经过退化而来的。从低分辨率图像中重建出其对应高分辨率图像的过程被称为图像超分辨率重建。对于一存在的 HR 图像 I_{HR}，对应的 LR 图像 I_{LR} 由如下退化模型 Φ 得到：

$$I_{LR} = \Phi(I_{HR}) \tag{1-14}$$

一般来说，退化模型都是未知的，且可能受到如噪声、模糊核、下采样等的影响。除了直接通过不同物理设备等采集，研究人员也会使用一些数学模型来生成相应的 I_{HR} 与 I_{LR} 对作为训练数据。最简单的模型如下：

$$I_{LR} = f_{down}(I_{HR}) \tag{1-15}$$

其中，f_{down} 是下采样操作。而更为复杂的模拟真实情况的模型由多种退化组合而成[93]，如下所示：

$$I_{LR} = f_{comp}(f_{down}(I_{HR} * k) + n) \tag{1-16}$$

其中，f_{comp} 是图像压缩操作；f_{down} 是下采样操作；$*$ 是卷积操作；n 是噪声。因此，需要一个超分辨率模型 G 将低分辨率图像映射为超分辨率图像 I_{SR}，该模型也可以看作是退化模型的逆过程。

$$I_{SR} = G(I_{LR}) = \Phi^{-1}(I_{LR}) \tag{1-17}$$

其中，I_{SR} 越接近 I_{HR}，则重建出超分辨率图像的质量越高。从处理数据所在的空间考虑，超分辨率重建方案可以分为空间域、频域、小波域以及其他变换域。从上采样的角度考虑，超分辨率重建方案可以分为前端上采样、后端上采样、渐进式上采样以及迭代上下采样。结合本书的研究内容，下面对小波域超分辨率、渐进式超分辨率的基础知识进行介绍。

1. 小波域超分辨率

深度学习与小波变换结合的图像超分辨率重建方法，将信号分解到小波域中，在不同尺度上对信号各个分量进行分析[1]。这种方法使得模型能够更容易聚焦到对象的高频细节，学习到更复杂的图像特征和多层次的表示，从而实现更准确和更细致的重建结果。如图 1-3 所示为小波域超分辨率重建流程。基于小波变换的图像超分辨率重建方法通常包括以下三步。

（1）利用小波变换，将图像分解为包含近似信息 LL（行低频列低频分量）、水平细节信息 HL（行高频列低频分量）、垂直细节信息 LH（行低频列高频分量）、对角细节信息 HH（行高频列高频分量）。

（2）借助插值算法、字典学习或深度学习等方法重建小波域相应的子带。

（3）重建后得到的子带通过小波逆变换生成空间域中的高分辨率图像。

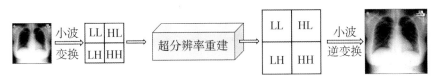

图 1-3　小波域超分辨率重建流程

在这个基本框架下，学者们针对不同的小波变换方式和重建子带的方法等进行了研究。例如，Akbarzadeh 等人[94]提出了一种小波插值方法。该方法用平稳小波变换代替离散小波变换，将小波变换后得到的子带系数通过双三次插值上采样。再利用误差反投影对估计的高分辨率图像进行校正。Guo 等人[62]提出了基于小波变换的小波系数预测方法，将低分辨率图像的小波系数作为输入，通过卷积神经网络来预测高分辨率图像的小波系数。此后，国内外研究者[63,95-96]将小波理论和残差、卷积、Transformer 等结构结合，对基于小波变换的重建方法开展了进一步的研究。总的来说，小波域超分辨率方法先将图像变换到小波域中，并在小波域中进行相应系数的预测，然后变换回空间域的图像。

2. 渐进式超分辨率

近年来，随着深度学习理论的不断发展，越来越多的学者通过数据驱动的方式学习图像之间的端到端映射，从而解决底层视觉问题。与其他底层视觉任务不同，超分辨率任务中的上采样尤为重要，因此引起了众多学者的关注。Dong 等人[10]在模型前端通过双三次插值进行上采样。先将 LR 图像插值到需要重建的分辨率，然后利用卷积神经网络提取特征、学习映射与进行重建。图 1-4 为不同上采样策略的超分辨率模型。前端上采样方法在网络学习之前就已经预先进行上采样操作，如图 1-4（a）所示。一方面，这种方法通过学习相同分辨率图像之间的映射关系，可以将任意尺度的插值图像作为输入，从而避免为不同尺度设计上采样模块的参数；另一方面，神经网络只需学习上采样图像和高分辨率图像间的映射，在一定程度上减少了网络学习的困难。受到 SRCNN[10] 的启发，早期的一些工作，如[42,97]选择类似的上采样方式，将研究重点放在不同的特征提取和映射网络设计上。然而，上述上采样方法提高了输入图像的尺寸，从而导致网络模型计算复杂度增加。为了轻量化模型，一些研究者利用递归网络的参数共享来减轻模型参数量[98-99]，但仍然无法有效降低模型的计算复杂性。为了克服上述缺点，一些后续的研究工作[41,100]探索了不同的上采样策略来重建高分辨率图像。如图 1-4(b)所示，网络直接以低分辨率图像作为输入，然后在后端上采样图像到更高的分辨率。这种方式使得网络特征提取等大部分计算都在低维空间中处理。例如，Dong 等人[41]对 SRCNN 网络进行了改进，提出了 FSRCNN 网络。该网络输入低分辨率图像，设计了更深的神经网络，并在最后通过反卷积层上采样得到高分辨率图像。

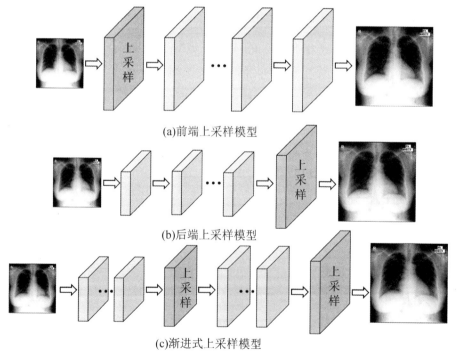

(a)前端上采样模型

(b)后端上采样模型

(c)渐进式上采样模型

图 1-4　不同上采样策略的超分辨率模型

除了使用反卷积作为上采样操作，Shi 等人[100]提出了一种亚像素卷积，快速、无参地将像素重排列到高分辨率。这类方法成为后续超分辨率模型[43,101-103]中最主流的框架之一。然而，该类方法仍然存在一些不足。一方面，每个尺度因子都需要单独训练一个对应的模型，当需要放大多个尺度时，就会增加网络训练的负担；另一方面，无论放大多少倍数，网络都仅通过一次上采样操作完成分辨率提升，伴随尺度因子提升，网络的学习难度会显著提高[33]。因此，通过级联神经网络渐进式地重建高分辨率图像的渐进式上采样方法引起了越来越多的关注。如图 1-4(c)所示，网络先在一个阶段提取特征，并在该阶段后端上采样提升分辨率，然后信息被输送到下个阶段。相关研究，如 Lai 等人[104]提出的基于拉普拉斯金字塔的超分辨率重建网络，利用拉普拉斯金字塔结构和卷积神经网络渐进式重建高分辨率图像的高频成分。Wang 等人[105]设计的网络在每个阶段并不保持相似的结构，在较低层级时，设计更深的特征提取网络；在较高层级时，则设计更浅的特征提取网络，以保证感受野的同时节约计算量。总的来说，渐进式超分辨率重建方法通过诸如拉普拉斯金字塔等结构，逐级地将低分辨率图像上采样到高分辨率图像。

1.4 研究内容

由于硬件成本和成像技术的限制，低分辨率图像常常会丢失细微纹理甚至相关特征。通过重建技术获取高质量图像不仅能够提升视觉效果，还能在高级计算机视觉任务中发挥重要作用。目前，结合小波理论与深度神经网络的图像超分辨率重建模型大多在将图像转换到小波域后，侧重于利用深度神经网络进行进一步的图像重建处理。然而，本书旨在更多地关注小波相关理论，以促进网络架构设计、模块设计以及损失函数设计，提出一种重建质量更高、参数更少的超分辨率模型。现有的结合小波理论与深度神经网络的图像超分辨率重建模型存在若干待解决的问题，并面临以下不足与挑战。

（1）小波变换提供了一种在变换域中对图像进行有效表示的方法，这促使越来越多的研究关注在小波域中解决超分辨率重建问题。这些算法模型，通常先让图像变换到小波域，然后借鉴空间域超分辨率模型设计网络进行学习，最后将学习到的小波系数逆变换回图像。然而，这些小波域超分辨率重建方法对分解后子带系数统一映射，没有充分利用小波变换后不同子带的信息。通过分别考虑小波变换后的低频和高频子带信息，图像中的纹理和边缘信息得到更好的处理，从而实现更准确的超分辨率重建，是一个富有挑战性的问题。

（2）现有的小波域图像超分辨率重建算法大多数都是单一尺度放大的模型，这需要为每个尺度的超分辨率任务都单独训练一套模型参数。在空间域中，基于拉普拉斯金字塔的渐进式超分辨率重建方案可以通过一个模型生成不同尺度的重建图像。因此，如何在小波域中借鉴拉普拉斯金字塔结构，从特征提取模块、损失函数等方面改进模型，以设计适合小波域的渐进式超分辨率重建网络，成为一个热点研究问题。

（3）基于深度学习的渐进式超分辨率重建模型，尤其是涉及多分辨率分析的模型，通常忽视了更低子空间或更高子空间中包含的信息，并未充分探索小波域和空间域特征之间的关联，导致这些模型未能充分利用多域多分辨率分析所带来的信息。此外，在小波结合深度神经网络的方案中，绝大部分工作仅在网络的预处理和后处理阶段使用小波变换。尽管有一些工作开始探索支持反向传播的小波算法在神经网络中的应用，但尚未有直接基于神经网络基本模块设计的小波变换模块嵌入神经网络的方法。如何有效利用多域多分辨率信息，并将小波理论融入深度神经网络，仍然是一个重要的研究问题。

（4）在采用多分辨率框架的超分辨率重建任务中，算法可以更有效地捕捉到图像中不同分辨率的信息。然而，这些多分辨率框架网络主要考虑分辨率间级联的信息，忽略了其他跨分辨率的信息交流。同时，渐进重建小波系数时，每一个重建尺度间都存在相似的结构，导致随着重建尺度增加

而参数增多。此外，笔者注意到，在小波域底层视觉任务中，通常以平均绝对误差或均方误差等有限的方式来约束系数重建。如何在多分辨率小波金字塔结构中传递丰富的跨分辨率信息、节省参数，以及在小波域中引入更多约束以提升重建质量，仍然是一个开放性问题。

针对上述挑战，本书分别从单一尺度重建与渐进重建两个方面，从网络架构、模块设计、损失函数等角度展开研究。具体来说，本书的主要研究工作如下。

（1）目前，基于小波的深度学习方法未充分考虑小波域中子带之间的差异。为此，本书提出了基于小波频率分离注意的图像超分辨率重建网络**WFSAN**，以分离高频和低频子带并分别学习对应的系数。该网络对低分辨率图像小波变换后的每个子带进行分离，并设计了两个分支分别处理低频子带特征和高频子带特征。在低频子带特征提取分支中，采用了重影扩展块，以更少的参数和计算量来提取特征信息；在高频子带特征提取分支中，使用了改进的注意力重影扩展块来提升重建质量。最终，这些特征信息被融合并通过小波逆变换重建高分辨率图像。在胸部医学图像数据集上进行的大量实验表明，与先进的轻量级超分辨率方法相比，所提出的网络在使用更少参数的同时，整体上生成了在客观指标和主观视觉质量方面更优的结果。

（2）通常，小波域中超分辨率模型每次只能重建一个尺度的小波系数。因此，提出了基于深度小波拉普拉斯金字塔的图像超分辨率重建网络，以同时重建多个尺度的小波系数。该方法受空间域中拉普拉斯金字塔结构的启发，逐级预测小波域中的子带系数。为了适应小波子带系数的重建，改进了基于残差块的特征提取模块。然后，在纹理-鲁棒损失函数的监督下，重建低频和高频子带系数。最后，通过应用离散平稳小波逆变换，从预测的系数生成高分辨率图像。广泛的客观和主观评估表明，本书所提出的算法在视觉效果上优于现有的基于拉普拉斯金字塔的方法。同时，所设计的网络在面对高斯噪声、运动模糊等退化情况时，依然能够保持更优的结果。

（3）在多分辨率分析的模型中，往往只考虑了更低子空间或更高子空间中的信息，且通常单独关注小波域或空间域特征。为了更好地利用多域多分辨率信息，本书提出了一种基于小波多分辨率变换分析的图像超分辨率重建网络。该网络能够捕捉多个子空间中的辅助信息，并在每个子空间中关注空间域和小波域特征之间的相互依赖关系，从而提高重建质量。同时，本书设计了一种基于卷积的 Haar 小波模块，该模块无须训练，作为基本模块支持小波分解和重构变换，在精度和运行时间方面达到了先进的小波变换实现水平。此外，本书还设计了一个自适应融合模块，该模块能够感知并融合从小波域和空间域提取的特征。大量实验结果表明，本书所提出的方法在公共数据集上的超分辨率重建结果，在客观和主观质量方面整体优于其他先进方法。

(4)通常，基于多分辨率的模型主要通过在分辨率间传递的级联信息来实现功能，且往往采用平均绝对误差或均方误差来约束图像重建的质量。因此，本书提出了基于小波能量熵(wavelet energy entropy，WEE)约束的小波金字塔递归超分辨率重建网络。该网络以跨分辨率的传递信息与引入信号能量分布特征来约束重建。同时，它在不同分辨率层级间增加信息传递，并设计多分辨率小波金字塔融合方法，在同分辨率层级内和不同分辨率层级之间融合浅层系数特征和前层小波系数。此外，每个金字塔层级内和跨金字塔层级的低频和高频小波系数之间共享参数以轻量化模型。除了低频和高频小波损失以及空间损失外，提出的小波能量熵损失进一步提高了重建质量。通过不同学习策略的讨论，以了解这些损失成分对模型的影响。最终，通过一系列在公开数据集上的实验证明，本书提出的网络以最少的参数实现了更优越的重建性能。

1.5 结构安排

本书共六章，第一章为绪论，第二章到第五章为主要研究内容，第六章为总结与展望。本书的整体框架如图 1-5 所示，具体内容安排如下。

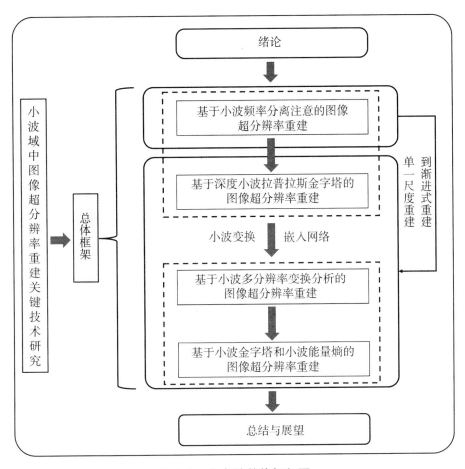

图 1-5　本书的整体框架图

第一章为绪论，首先，阐述了本研究工作的背景及意义，并介绍了超分辨率重建技术的主要应用领域。接着，对图像超分辨率重建与小波理论在深度学习中的国内外发展现状进行了概述，并介绍了小波理论及渐进式超分辨率相关知识。最后，概述了本书的主要研究内容、创新点以及论文的组织结构安排。

第二章提出了基于小波频率分离注意的超分辨率重建网络 WFSAN。针对小波域中不同子带的差异，WFSAN 采用分离路径设计，预测不同频率小波子带的小波系数。网络的输入包括低分辨率小波系数的近似子带和细节子带。在分支网络中，更稀疏的细节子带被单独训练以增加对高频信息的关注。同时，设计了重影扩展模块和注意力重影扩展模块，以有效地生成特征。最终这些子带系数被组合并通过平稳小波逆变换生成超分辨率图像。该网络拓展了小波域超分辨率任务中对不同子带的关注，提升了生成图像的质量。

第三章提出了基于深度小波拉普拉斯金字塔的图像超分辨率重建网络WLapSRN。该网络结合拉普拉斯金字塔结构来预测多个尺度图像的小波子带。从激活函数等角度探究合适小波域的特征提取网络，设计纹理-鲁棒损失函数以实现高低频子带的重建。该网络可以渐进式重建多个尺度的小波系数，并在面对噪声等干扰时能更好地保持图像质量。

第四章提出了基于小波多分辨率变换分析的图像超分辨率重建网络WMRSR。该网络能够捕捉多个子空间中的辅助信息，并关注空间域和小波域特征之间的相互依赖关系。基于小波多分辨率分析，将每个子空间获得的小波子带与相应的空间域图像内容结合，组成小波多分辨率输入来作为网络的输入。然后，网络分别在小波域和空间域中捕捉输入的相应特征，并进行自适应融合，从而在多分辨率和多域中充分学习和探索特征。最后，通过适用于深度神经网络的基于卷积的小波变换模块，在小波多分辨率框架中逐渐重建高分辨率图像。该网络设计了一种可扩展的多分辨率框架，提高了重建结果的主客观表现，同时提供了支持小波分解与重建的基本模块。

第五章提出了基于小波金字塔和小波能量熵的图像超分辨率重建网络WPRNN。该网络考虑跨金字塔各层级的传递浅层系数特征和前一层系数，以更充分地利用信息。还提出了一种多分辨率小波金字塔融合块，有助于传递低频和高频的浅层系数特征和前一层系数。此外，为了进一步约束小波系数的重建，设计了小波能量熵损失函数，从信号能量分布特征的角度进行约束。该网络以更少的参数实现了更优越的重建性能，展现了实际应用的潜力。

第六章为总结与展望。回顾了本书的主要研究工作，并展望未来的研究方向和阐述下一步的研究规划。

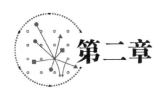

第二章

基于小波频率分离注意的图像超分辨率重建

现有的超分辨率神经网络模型通常在空间域上进行研究，关注高频信息的手段有限。一些工作尝试在小波域中解决该问题，但对小波分解得到的小波子带未加以区分处理。同时，这些研究常常通过加深网络以获取更为丰富的特征，但这也带来了更多的参数和更高的计算复杂度。此外，还需要分别考虑小波子带，以及探索更为有效的特征提取方式。本章利用小波变换分离低频和高频子带，并强化高频细节的学习，结合重影扩展块以线性变换扩展特征，设计了一个轻量、准确的超分辨率模型。首先，该方法将空间域图像转换到小波域中，考虑了小波域中不同子带间的差异，分离低频和高频子带，并设计了两个网络分别进行处理。其次，在低频特征提取分支网络中，设计了重影扩展块，以更少的参数和计算量扩展特征；而在高频特征提取分支网络中，设计了改进的注意力重影扩展块，以提升重建质量。最后，组合高低频特征信息，并通过小波逆变换重建出高分辨率图像。在胸部医学图像数据集上进行的大量实验表明，该网络在使用更少参数的同时，生成了在客观指标和主观视觉质量方面都更优的结果。这一轻量级网络在医学图像超分辨率任务中表现出色，为实际应用提供了有力支持。

2.1 引言

本章主要研究单幅图像超分辨率重建问题，其目标是从输入的单幅低分辨率图像中重建相应高分辨率的图像信息。这是一个经典的不适定逆问题，存在着多种解决方法。针对 SISR 的方法通常可划分为几类：基于插值的方法，如三次样条曲线[12]和三次卷积[19]；基于边缘定向的方法[25,106]；基于稀疏性的方法[40,107,108]，以及基于深度学习的方法，如 SRCNN[10]、FSRCNN[41]、EDSR[101]和 SRGAN[43]等。在这些方法中，Yang 等人[40,107]提出的基于稀疏编码(sparse coding，SC)的超分辨率算法，是最具有代表性的稀疏性方法。这些方法，通过将图像块表示为元素的稀疏线性组合，并利用适当的过完备字典进行图像重建；在每个低分辨率块中，从输入图像中捕获稀疏表示和稀疏系数，用以生成相应的高分辨率块；最终将这些高分辨率块组合起来重构完整的高分辨率图像。此外，Zha 等人[109-110]在他们的研究中利用结构稀疏和非局部自相似性作为先验信息，以丰富恢复图像的细节。然而，基于稀疏编码的超分辨率方法需要经验丰富的人来设置相关参数，这可能导致在重建过程中一些图像细节信息丢失并产生过度平滑的结果。

自从超分辨率卷积神经网络模型被提出[10]，深度学习方法和神经网络模型在图像超分辨率领域日益流行。SRCNN 采用端到端映射学习的方法，专注于低分辨率和高分辨率图像之间的映射关系，而非直接学习字典。通过三层卷积的网络结构(特征提取与表示层、非线性映射层和重建层)，SRCNN 能够迅速重建图像质量优于传统算法的高分辨率图像，为后续许多基于卷积神经网络改进的模型奠定了基础。此后，学者们还提出了快速超分辨率卷积神经网络(FSRCNN)，通过引入反卷积层作为后端上采样模块，从而加速超分辨率重建过程[41]。该网络在 SRCNN 的基础上一共构建了五个部分，包括特征提取、收缩、非线性映射、扩展和上采样。EDSR[101] 则实现了一个增强的深度超分辨率网络和新的多尺度深度超分辨率模型，同时去除了批处理归一化层以提高性能。利用生成对抗性网络，Greswell 等人[111]提出了用于图像超分辨率的生成对抗性网络[43]。Wang 等人[44] 提出的增强型 SRGAN，通过在残差密集块中引入残差，且不进行批量归一化，以提高重建视觉质量。Woo 等人[112] 提出了一个卷积块注意模型（CBAM），混合了通道注意力机制和空间注意力机制，进一步提高了模型生成结果的质量。此外，Hou 等人[113] 在生成器中采用了交替的上采样和下采样层，配合相对判别器，从极低分辨率图像中获取高分辨率图像。Shi 等人[100] 利用亚像素层面的隐式卷积，设计了不含学习参数的高效上采样方法。Zhang 等人提出了一种快速医学超分辨率方法[114]，采用迷你网络并使用亚像素卷积层来重建图像。尽管许多基于深度学习的方法在超分辨率任务中表现出色，但大多数单幅图像超分辨率重建方法仍主要针对自然图像领域，而医学图像超分辨率重建的研究相对较为有限。上述模型的成功经验为医学图像超分辨率重建提供了启示，然而，面对医学图像的特殊性和复杂性，仍需要更深入的研究和探索。

医学图像在疾病诊断中扮演着至关重要的角色，基于小波的图像处理近年来引起了广泛的研究兴趣[115-116]。传统的医学成像系统主要包括磁共振成像（MRI）[117]、计算机断层扫描（CT）[118]和正电子发射计算机断层成像（positron emission tomography-computed tomography，PET-CT）[119]。MRI 适用于脑部和软组织的检测，而 CT 则常用于骨骼和胸部成像。在专家诊断中，高分辨率医学图像起到关键性作用，然而由于设备配置、有限的扫描时间以及身体运动等多种因素，往往实际采集到的是表现为带有噪声、缺乏结构信息的低分辨率图像。因此，通过超分辨率重建技术获取高分辨率医学图像已经成为当前研究的重要方向[120]。基于小波的超分辨率重建方法，可以有效地改善医学图像的质量，提供更清晰、更详细的图像信息，有助于提高医学影像的诊断准确性和临床应用的可行性。

为了更好地关注高频信息，笔者在小波域中解决单幅医学图像超分辨率重建问题。同时，该方案聚焦于低频近似子带和高频细节子带的不同数值特征，进行分别处理，以充分发挥小波域信息的优势。低频近似子带携带平均信息，而高频细节子带包含的三种子带分别表示水平、垂直和对角线信息。因此，笔者设计了分支网络，分别对这些子带进行特征提取、特征映射和重建。低频特征提取分支采用了重影扩展块，以高效增加特征图数量，而高频特征提取分支则采用了注意力重影扩展块，在提高生成特征图数量的同时促进特征图质量提升。然后，对所有重建子带进行融合，以重构预测的小波系数。最终，通过平稳小波逆变换，实现了对超分辨率图像的重建。设计的小波频率分离网络加强了对每个子带特征的学习，从而提升了重建精度。

总的来说，WFSAN 模型的设计充分考虑了小波域中不同子带的特征，并分别处理、重构和融合了这些子带，利用了重影扩展设计提升特征生成效率。该方法融合了基于小波方法和基于深度学习方法的优势，为弥合基于小波和基于深度学习的方法之间的差距提供了一种途径，为轻量医学图像超分辨率重建提供了一种有效的解决方案。

2.2 相关研究分析

近年来，一系列基于小波技术的图像超分辨率重建方法已被提出。一些算法采用离散小波变换和稀疏表示，在非深度学习情况下获得高分辨率图像[121-123]。Guo 等人[62]提出了 DWSR 模型，首次将超分辨率重建问题转化为离散小波变换下的小波系数预测问题，并通过构建残差网络来学习低分辨率图像与高分辨率图像之间的小波系数的残差，充分利用了小波系数的稀疏性来提升模型性能。另外，Huang 等人[63]提出了基于小波包分解的神经网络 Wavelet-SRNet，用于人脸超分辨率任务。该方法采用小波包分解替代了离散小波变换，并在嵌入网络和小波预测网络中使用跳跃连接。为了保持训练稳定性并防止纹理细节的不足，还联合使用了小波预测损失、纹理损失和全图损失。此外，Ma 等人[124]结合离散小波变换和递归神经网络，将低频子频带替换为低分辨率图像以获取更多细节信息。在医学图像超分辨率重建方面，Deeba[125]提出了一种基于小波的增强型医学图像超分辨率重建方法 WMSR。该方法采用了离散平稳小波变换，设计了迷你网格网络来替换卷积神经网络。然而，这些小波域中的方法将所有子带组合起来同时学习图像特征，未考虑子带之间的差异：低频子带反映图像的主要能量，而高频子带关注小波域中的详细信息，并且两个子带的数值特征存在差异。因此，在本章提出的方法中，笔者分别考虑了这两种不同类型子带系数的学习与重建。

为增强深度神经网络的性能，学者们提出了一系列轻量化方法。Chollet[126]提出了一种极致的 Inception 结构 Xception。该结构使用了深度可分离卷积，通过逐通道卷积对每个通道特征图独立进行卷积，然后通过逐点卷积来变换输出通道数量。之后，ShuffleNet 推广了分组卷积和深度可分离卷积[127]。Howard 等人[128]提出了三个 MobileNet 版本，旨在减少冗余的操作和参数，构建轻量化模型。第一个版本引入了基于深度可分离卷积的框架，以替代标准卷积以降低计算量。第二个版本注意到了线性瓶颈，并在低维空间中采用了线性激活代替 ReLU。第三个版本采用了 SE 模块和 hswish 激活函数进一步改进模型。Han 等人[129]设计了 Ghost 块，旨在以线性操作的方式高效生成特征图，通过更少的参数获取更多的特征信息。研究者们通过设计轻量化的模块，使整个神经网络更加轻量实用。本章算法受到 Ghost 块思想的启发，基于线性变换设计了重影扩展，以高效生成更多特征。

2.3 现有工作的不足

小波变换提供了对图像变换域的有效表示，推动了越来越多的工作在小波域中解决超分辨率重建问题。这些算法模型通常先将图像转换到小波域，然后借鉴空间域超分辨率模型设计网络进行学习，最后再利用学到的小波系数逆变换回图像。然而，这些小波域超分辨率重建方法中，对分解后子带系数的统一映射没有充分利用小波变换后不同子带的信息。同时，随着网络设计的加宽加深，存储和计算消耗也随之增加。通过分别考虑小波域低频与高频信息，额外关注图像中的纹理和边缘，并设计模块有效扩展特征，从而实现更准确、更轻量的超分辨率重建方法是一个充满挑战的问题。

针对上述情况，提出了基于小波频率分离注意的图像超分辨率重建网络 WFSAN。该网络对低分辨率图像进行小波变换后的每个子带进行分离，并设计了两个分支分别处理低频子带特征与高频子带特征。在低频子带特征与高频子带特征提取分支中，分别设计了重影扩展块与注意力重影扩展块，用更少的参数来获取特征信息。这些特征信息最后进行融合，并通过小波逆变换来重建高分辨率图像。在胸部医学图像数据集上进行的大量实验表明，相较于先进的轻量级超分辨率重建方法，WFSAN 在使用更少参数的同时，生成了在客观指标和主观视觉质量方面都更优的结果。

2.4 基于小波频率分离注意的图像超分辨率重建方法

2.4.1 高低频子带系数

本章方法中采用了平稳小波变换，将空间域的原始图像变换成小波域中的高频与低频子带系数。为了设计适应系数重建的神经网络模型，笔者对空间域图像、高频子带系数和低频子带系数进行分析。

二维图像中的离散平稳小波变换示例如图 2-1 所示，图中的 a、b、c、d 是位于示例原始图像左上角的 2×2 网格中的四个像素。对应的四个近似子带系数 A_{11}、A_{12}、A_{21} 和 $A22$ 可以通过式（2-2），基于 a、b、c、d 的数值计算得到。其他子带系数的计算方式类似。

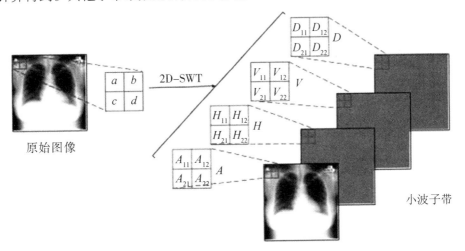

图 2-1　二维离散平稳小波变换示例

WFSAN 中采用了 Haar 函数（也称为"Daubechies 小波"）作为基函数的离散平稳小波变换。Haar 小波函数的母小波（也称为"小波函数"）表示为

$\psi(x)$、父小波(也称为"缩放函数")表示为 $\varphi(x)$,其表达式如下:

$$\psi(x) = \begin{cases} 1, & 0 \le x < 1/2 \\ -1, & 1/2 \le x \le 1, \\ 0, & 否则 \end{cases} \quad \varphi(x) = \begin{cases} 1, & 0 \le x \le 1 \\ 0, & 否则 \end{cases} \quad (2\text{-}1)$$

对于离散情况下,使用 Haar 核的 2D-SWT,一层分解的子带系数计算方式如下所示。它们可以从原始图像的像素值中计算得到。

$$\begin{cases} A = \begin{bmatrix} A_{11} & A_{12} \\ A_{21} & A_{22} \end{bmatrix} = \begin{bmatrix} \frac{1}{2}(a+b+c+d) & \frac{1}{2}(a+b+c+d) \\ \frac{1}{2}(a+b+c+d) & \frac{1}{2}(a+b+c+d) \end{bmatrix} \\[3em] V = \begin{bmatrix} V_{11} & V_{12} \\ V_{21} & V_{22} \end{bmatrix} = \begin{bmatrix} \frac{1}{2}(a-b+c-d) & \frac{1}{2}(-a+b-c+d) \\ \frac{1}{2}(a-b+c-d) & \frac{1}{2}(-a+b-c+d) \end{bmatrix} \\[3em] H = \begin{bmatrix} H_{11} & H_{12} \\ H_{21} & H_{22} \end{bmatrix} = \begin{bmatrix} \frac{1}{2}(a+b-c-d) & \frac{1}{2}(a+b-c-d) \\ \frac{1}{2}(-a-b+c+d) & \frac{1}{2}(-a-b+c+d) \end{bmatrix} \\[3em] D = \begin{bmatrix} D_{11} & D_{12} \\ D_{21} & D_{22} \end{bmatrix} = \begin{bmatrix} \frac{1}{2}(a-b-c+d) & \frac{1}{2}(-a+b+c-d) \\ \frac{1}{2}(-a+b+c-d) & \frac{1}{2}(a-b-c+d) \end{bmatrix} \end{cases} \quad (2\text{-}2)$$

经过 2D-SWT 后,图像的不同子带呈现出不同的数值特征。笔者随机选择了实验数据集中的一个高分辨率样本实例,来展示图像经过小波变换后各子带系数的数值特征。在图 2-2 至图 2-4 中,(a)图像均显示了近似子带 A,(b)图像均显示了水平细节子带 H,(c)图像均显示了垂直细节子带 V,(d)图像均显示了对角细节子带 D。图 2-2 展示了低频的近似子带 A 数据分布在 [0,510] 的区间内,而其他三个高频子带的数据几乎都分布在 0 附近。通过计算平均值和标准差,笔者进一步分析了每个子带的数值特征。根据式(2-2)易知,D 矩阵块中所有元素的和为 0,因此可以推断整个系数矩阵的平均值为 0。类似地,H、V 和 D 子带系数的平均值也为 0。对于所选样本实例，计算结果显示，A 的平均值为 319.93，而 H、V 和 D 的平均值均为 0。此外，该实例的 A、H、V 和 D 的标准差分别为 149.43、12.55、7.77 和 4.14。

通常情况下，经过图像处理库（如 Matlab 或 Python 中的 Matplotlib 库）输出的小波子带系数会被归一化到 [0，255] 的区间内以生成灰度图像，其视觉效果如图 2-3 所示。为了展示各子带的真实取值，通过引入热力图的表现形式，其视觉效果如图 2-4 所示。原始的空间域图像像素值的取值范围为 [0，255]，根据式 (2-2) 可知，A 的取值范围为 [0，510]，而 H、V、D 的取值范围为 [-255，255]。该样例经过一层的 2D-SWT 变换后，每个系数的取值范围分别是 A 为 [0，510]、H 为 [-255，255]、V 为 [-255，255]、D 为 [-131，133]。在网络设计中，鉴于平稳小波变换域中低频系数（A）与高频系数（H、V 和 D）的差异，分别对低频系数与高频系数处理。

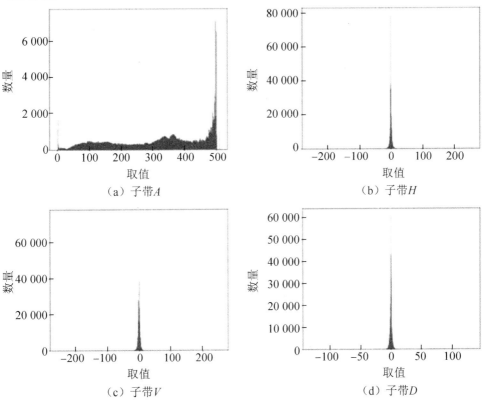

（a）子带A （b）子带H （c）子带V （d）子带D

图 2-2　图像经过二维离散平稳小波变化后各子带的直方图

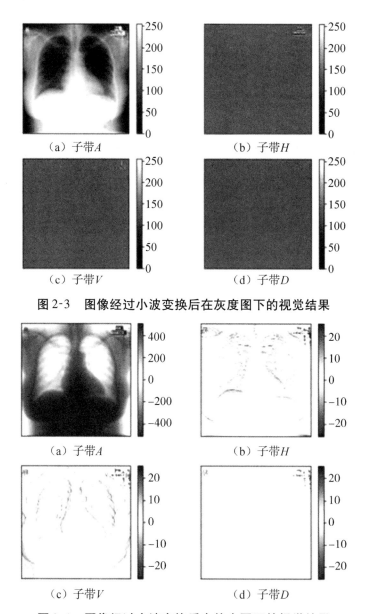

（a）子带A   （b）子带H

（c）子带V   （d）子带D

图 2-3　图像经过小波变换后在灰度图下的视觉结果

（a）子带A   （b）子带H

（c）子带V   （d）子带D

图 2-4　图像经过小波变换后在热力图下的视觉结果

(2.4.2)　网络结构设计

本章提出了一种基于小波的医学图像超分辨率重建网络 WFSAN。该框架先通过平稳小波变换，将图像分解为低频和高频信息，并分别预测超分辨率图像的小波系数。图 2-5 为 WFSAN 整体网络架构。模型输入首先被分离为低分辨率图像的低频子带系数和高频子带系数，模型输出则包括预测图像的低频子带系数和高频子带系数的组合。WFSAN 模型中，低频与高频系数重建分支均由特征提取与表示网络以及重建网络两部分构成。由于两个分支分别处理低频和高频信息，因此这两个分支的特征提取和表示网络设计各不相同。为了捕获分离的每个不同频率小波子带的特征，笔者设计了不同的模块提取特征。接着，在系数重建阶段利用亚像素卷积来重建超分辨率图像的低频和高频系数。最后，融合重建后的低频和高频系数，并通过二维离散平稳小波逆变换生成最终的预测图像。

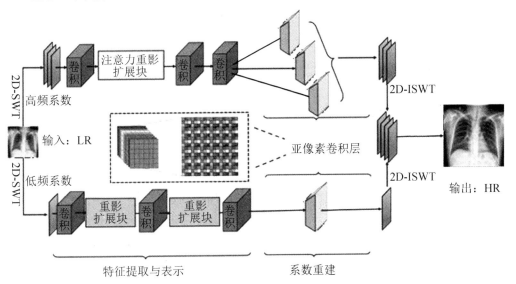

图 2-5 WFSAN 整体网络架构

模型输入的低分辨率图像 I_{LR} 经过 2D-SWT 变换后，分别得到了低频子带系数 S_{IL} 和高频子带系数 S_{IH}。其中，$S_{IL} = S_{cA}$ 对应低频近似信息的子带系数。而 S_{IH} 则由三个子带组成，分别对应垂直、水平和对角线高频细节信息的子带系数 S_{cV}、S_{cH} 和 S_{cD}。分离函数 f_s 用于将一个子带张量分离成多个子带张量。组合函数 f_c 则用于将多个子带张量合并成一个子带张量。f_{swt} 和 f_{iswt} 表示二维离散平稳小波变换及其逆变换操作。在特征提取与表示步骤中，笔者设计了两个不同的分支网络来分别提取低频和高频子带的特征。以下是具体的过程。

$$\begin{cases} S_{cA}, \ S_{cH}, \ S_{cV}, \ S_{cD} = f_s(f_{swt}(I_{LR})) \\ S_{lH} = f_c(S_{cH}, \ S_{cV}, \ S_{cD}) \\ F_L = F_L(S_{lL}), \ F_H = F_H(S_{lH}) \end{cases} \tag{2-3}$$

其中，F_L 和 F_H 分别表示低频近似和高频细节特征提取与表示网络。这些分支网络由标准卷积块、重影扩展块和注意力重影扩展块组成，分别用于学习低频特征 F_L 和高频特征 F_H。

然后，提取的特征 F_L 和 F_H 被输入系数重建网络中，以生成 SR 图像的小波系数。最终，生成的高分辨率图像 I'_{HR} 由以下方式生成：

$$I'_{HR} = f_{iswt}(f_c(f_u(F_L), \ f_u(F_H))), \tag{2-4}$$

其中，f_u 表示系数重建网络，它由亚像素卷积层组成。合并重建的高频和低频系数，经过二维平稳小波逆变换获得高分辨率图像。模型基于 l_2 损失函数来预测低频系数和高频系数，其定义如下：

$$\ell_{coef} = \frac{1}{2N} \sum_{n=1}^{N} (\ \| S_{hL} - f_u(F_L) \|^2 + \| S_{hH} - f_u(F_H) \|^2) \tag{2-5}$$

其中，S_{hL} 和 S_{hH} 分别表示输出高分辨率图像 I_{HR} 的低频子带系数和高频子带系数。学习率更新基于余弦函数进行衰减，训练过程的算法如下。

算法 2-1　模型学习率更新以及训练过程

输入：$\{(y_n, \ x_n)\}_{n=1}^{N}$：用于训练的数据对；

　　　　N_{decay}：学习率衰减轮次；N_{max}：模型学习最大轮次；

　　　　θ：可训练的参数；θ_{init}：初始化的参数；

　　　　l_{rinit}：设定的初始学习率；

　　　　l_{rmin}：设定的最小学习率；

输出：$\hat{\theta}$：训练后的参数；

1　$lr = lr_{init}$, $epoch = 0$;

```
2    while epoch < N_max do
3        for n = 1, 2, ⋯, N_data do
4            ŷ_n ⇐ Model(y_n, x_n | θ);
5            if f_Mod(epoch, N_decay) == 0 then
6                lr = 0.1 · lr;
7            else
8                lr = (1 - lr_min) · (0.5 · (1 + cos(π · epoch/N_decay))) + lr_min;
9            end
10           loss(ŷ_n, y_n; θ) = ℓ_coef;
11           θ ⇐ θ - lr · ∇loss(ŷ_n, y_n; θ);
12       end
13       epoch = epoch + 1;
14   end
15   return θ̂ = θ;
```

综上所述，通过 2D-SWT 获得输入图像的子带系数首先被分离，并分别经过特征提取和重建来生成超分辨率图像的各个子带系数。最终，这些子带系数被组合起来，通过 2D-ISWT 生成最终的超分辨率图像。

2.4.3 小波频率分离特征提取

由于低高频子带存在不同特性，为分离得到的子带分别设计了高频和低频分支的特征提取网络。其中，一条分支学习低频子带的分量，以高效获得准确的低频信息；另一条分支则专注于学习高频子带，以增强其学习细节边缘信息的能力。由图 2-5 可知，这两个分支的结构在整体设计上相似，但是在细节上各有区别。

低频系数特征提取分支由网络输入层和特征提取层组成。该分支网络输入层由一个标准卷积层构成。图 2-6 展示的低频特征提取分支总共包含 4 层，即 2 个标准卷积层和 2 个重影扩展层。具体来说，初始输入通过一个具有 32 个 3×3×1 卷积核的标准卷积层进行处理。在低频特征提取层中的标准卷积层均由 32 个 3×3×32 卷积核构成。重影扩展层的末端使用 32 个 1×1×64 卷积核来调整通道数。考虑到图像的主要信息位于低频子带中，这里使用了更多的模块来保持整体信息的学习。在后续系数重建阶段，采用亚像素卷积层进行上采样。由于所有的低频系数均为正数，因此，在该分支中所有的激活函数都直接采用了 ReLU 函数。

高频系数特征提取分支也包括网络输入层与特征提取层。图 2-7 展示的高频特征提取分支总共包含 3 层，即 2 个标准卷积层和 1 个注意力重影扩展层。具体来说，初始输入经过一个标准卷积层处理，该卷积层包含 32 个 3×3×3 的卷积核。高频特征提取分支中的标准卷积块均由 32 个 3×3×32 卷积核构成。注意力重影扩展层的末端也使用 32 个 1×1×64 卷积核来调整通道数。考虑到高频系数通常更加稀疏，因此，该分支中采用了较少的模块数量进行学习。在后续系数重建阶段，采用了 3 个亚像素卷积层分别对 3 个高频子带的系数进行上采样。鉴于高频子带中并非所有的高频系数都为正数，因此选择 Tanh 作为激活函数。

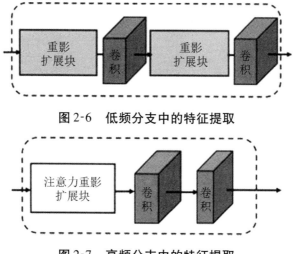

图 2-6 低频分支中的特征提取

图 2-7 高频分支中的特征提取

2.4.4 注意力重影扩展块

得益于重影模型 GhostNet[129] 和卷积块注意力模块 CBAM[112] 的启发，本节设计了注意力重影扩展块，旨在高效生成特征图。设计的重影扩展块如图 2-8 所示。输入特征首先经过 3×3 卷积的卷积操作 f_{conv} 来生成输出扩展特征图的一半特征；另外一半扩展特征直接通过线性运算算子 ϕ[129] 生成。这些特征与通过融合模块 f_c 合并在一起。重影扩展块生成特征图的过程如下所示：

$$F' = f_c(f_{conv}(F), \phi(f_{conv}(F))) \tag{2-6}$$

其中，F 表示输入到该模块的特征；F' 表示输出扩展特征图。模块的扩展特征会通过 1×1 的卷积将通道数缩减到输入的通道数，以保持模型的轻量化。

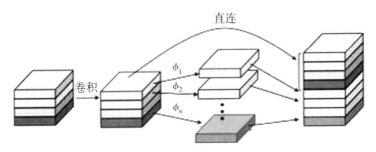

直连

卷积

图 2-8　重影扩展块

此外，为了提升高频分支的特征图质量，在重影扩展块中引入了空间注意力机制。图 2-9 为注意力重影扩展块。该模块的前端与重影扩展块相似，都是采用 3×3 卷积生成一半的特征图。不同之处在于，通过线性运算算子得到的扩展特征会经过级联的空间注意力模块进一步增强。在该模块中，首先利用通道最大池化 MaxPool($\cdot$) 和平均池化 AvgPool($\cdot$) 来分别提取显著信息的最大池化特征和全局信息的平均池化特征。然后，采用 3×3 的卷积运算 f_{cb} 将 M_{avg} 和 M_{max} 进行融合。空间注意力特征图经过激活函数 σ

进行特征图归一化处理。接着，通过将空间注意力特征图和重影扩展特征图之间进行逐元素相乘($\otimes$)来计算注意力重影扩展特性图。最后，利用f_c将两部分特征图进行合并。总的来说，该过程如下：

$$\begin{cases} M_{avg} = \mathrm{AvgPool}(\phi(f_{conv}(F))) \\ M_{max} = \mathrm{MaxPool}(\phi(f_{conv}(F))) \\ F'' = f_c(f_{conv}(F), \ \phi(f_{conv}(F)) \otimes \sigma(f_{cb}(M_{avg}, \ M_{max}))) \end{cases} \quad (2\text{-}7)$$

其中，F''表示注意力重影扩展块的输出特征。

输出的特征会经过一个1×1的卷积操作，以减少通道数。

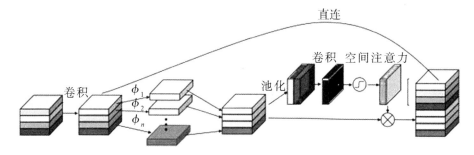

图2-9　注意力重影扩展块

关于输入通道数C_i、输出通道数C_o、卷积核大小k、卷积参数量（parameters，Params）的计算公式为

$$\mathrm{Params} = C_o \times (k^2 \times C_i + 1) \quad (2\text{-}8)$$

卷积浮点运算次数（floating point of operations，FLOPs）的计算公式为

$$\mathrm{FLOPs} = C_i \times k^2 \times C_o \times H \times W \quad (2\text{-}9)$$

其中，$H \times W$是输入特征图的尺寸。

而关于分组卷积参数量的计算公式为

$$\mathrm{Params} = k^2 \times C_i \quad (2\text{-}10)$$

其浮点运算次数为

$$\mathrm{FLOPs} = C_i \times k^2 \times H \times W \quad (2\text{-}11)$$

表2-1列出了三种模块的参数量和浮点运算次数。其中，N是输入的通道数量；$H \times W$是输入特征图的尺寸；k是卷积核大小；C是卷积核的数量；

M 是迷你网格网络最终输出的通道数，且 $M \geq N$。由表可知，重影扩展块和注意力重影扩展模块的参数和 FLOPs 相对更小。

表 2-1　比较三种模块的参数量与浮点运算次数

方法	参数量	浮点运算次数
迷你网格网络	$(N \times k^2 + 1) \times C + (C \times k^2 + 1) \times M$	$k^2 \times C \times H \times W \times (N + M)$
重影扩展块	$(N \times k^2 + 1) \times C + C \times k^2$	$k^2 \times C \times H \times W \times (N + 1)$
注意力重影扩展块	$(N \times k^2 + 1) \times C + C \times k^2 + 2k^2$	$k^2 \times C \times H \times W \times (N + 1) + 2k^2 \times H \times W$

在实际的模型中，卷积核大小 k 设置为 3，输入特征图的大小 H 和 W 均为 512。通道数 N、M 和卷积核数量 C 都被设定为 32。表 2-2 展示了在实际情况下这三种模块的参数量和浮点运算次数。重影扩展块参数的参数量和浮点运次数约为迷你网格网络的 51.57% 和 51.55%。注意力重影扩展块参数的参数量和浮点运算次数约为迷你网格网络的 51.62% 和 51.76%。值得注意的是，相较于重影扩展块，注意力重影扩展块在能提升重建质量的同时仅增加了 0.189% 的参数和 0.189% 的浮点运算次数。

表 2-2　实际情况下三种模块的参数量与浮点运算次数

方法	参数量	浮点运算次数
迷你网格网络	18.50K	4.83G
重影扩展块	9.54K	2.49G
注意力重影扩展块	9.55K	2.50G

2.5 实验分析

2.5.1 实验数据

本实验采用了两个公开数据集，ChinaSet 数据集[130] 与 MontgomerySet 数据集[131]。ChinaSet 中的数据由中国深圳第三医院采集，包含 662 张肺结核胸透医学图像，其中 326 张来自正常患者，336 张来自异常患者。而 MontgomerySet 采集的数据来自美国蒙哥马利市，包含 138 张肺结核胸透医学图像，其中 80 张来自正常患者，58 张来自异常患者。共有 50% 的数据被随机选取作为训练集，10% 的数据作为验证集，剩余的数据作为测试集。由于不同数据集的图像尺寸各不相同，为了让实验测试保持统一，所有图像的大小均被调整为 512×512。在训练阶段，所有图像裁剪为 48×48 大小的子图像块，相邻子图像块之间有 48 像素的交叠。在测试阶段，首先使用 Bicubic 算法对低分辨率图像进行相应尺度的上采样，然后将其输入模型中生成高分辨率图像。图 2-10 为两个公开肺结核数据集示例。其中，图 2-10 (a) 是 ChinaSet 中正常患者图像 CHNCXR_0263_0，图 2-10(b) 是 ChinaSet 中异常患者图像 CHNCXR_0594_1，图 2-10(c) 是 MontgomerySet 中正常患者图像 MCUCXR_0070_0，图 2-10(d) 是 MontgomerySet 中异常患者图像 MCUCXR_0316_1。

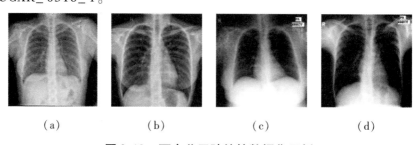

(a)　　　　　　(b)　　　　　　(c)　　　　　　(d)

图 2-10　两个公开肺结核数据集示例

2.5.2 实现细节

本章实验均在服务器上进行,具体配置如下。用于训练和测试的硬件配置采用 GPU 显卡型号为 NVIDIA GeForce GTX 1080Ti,显存为 11 GB;CPU 处理器型号为 Intel(R)Core(TM)i7-6850K @ 3.60 GHz;RAM 内存为 32 GB DDR4。其中,显卡的并行计算框架为 CUDA Toolkit v10.0 。软件配置主要基于 Anaconda3 平台,采用 3.7.0 版本的 Python 语言和 2.5.0 版本的 TensorFlow 作为深度学习框架,并在数据预处理阶段使用了 Matlab2018a 平台。在预处理生成训练数据时,图像块的裁剪和退化都在 Matlab 上实现,进行小波变换的过程用 Python 实现。在测试模型时,先将测试图像的小波系数输入模型中,进行端到端的小波系数重建,然后通过后续小波逆变换获取超分辨率图像。该模型采用单一尺度因子缩放,在 ×2、×3 以及 ×4 放大尺度上分别进行训练。训练时采用了本书中提出的损失函数代替空间域中常用的 l_2 损失函数。Adam 优化器被选取来更新网络参数,其动量参数设置为 $\beta_1 = 0.9$,$\beta_2 = 0.999$。为避免梯度爆炸,选用梯度裁剪选项将梯度限制在 0.001 内。为了初期收敛快速,初始学习率设置为 0.001,并通过基于余弦衰减函数的方法来更新学习率。

其中,f_{mod} 表示求余函数,$epoch$ 为当前训练轮次。在训练过程中,$ep_{\max}$ 设置为 100,ep_{decay} 设置为 30,lr_{init} 设置为 0.001,而 α 设置为 0.000 01。整个训练过程在 GPU 上需要约 10 个小时。本章所使用的网络在 100 个 $epoch$ 内达到了收敛。验证集上达到最佳效果的参数被选取用于进行测试。

2.5.3 实验结果

笔者将提出的 WFSAN 与三种轻量级单幅图像超分辨率重建方法 SRCNN、FMISR 和 WMSR 进行了比较(表 2-3 至表 2-5),在这些表中,粗体表示在指标上达到最佳，下划线表示在指标上达到次佳。通常采用峰值信噪比（peak signal-to-noise ratio，PSNR）和结构相似性指数（structural similarity，SSIM）作为图像质量评价指标。由于本书研究方法均涉及这两个指标，下面先对这两个图像质量指标进行介绍。

给定两个大小相同的图像 I 和 I'，PSNR 定义如下：

$$\begin{cases} \mathrm{MSE} = \dfrac{1}{mn} \sum_{i=1}^{m} \sum_{j=1}^{n} \left[I(i, j) - I'(i, j) \right]^2 \\ \mathrm{MAX}_I = 255 \\ \mathrm{PSNR} = 10 \cdot \log 10 \left(\dfrac{\mathrm{MAX}_I^2}{\mathrm{MSE}} \right) \end{cases} \quad (2\text{-}12)$$

其中，i 表示图像的行坐标，j 表示图像的列坐标；m 表示图像的总行数；n 表示图像的总列数；MAX_I 表示图像可以取到的最大像素值（由于 I 和 I' 是 8 位图像，因此这里取值为 255）；PSNR 是描述图像质量的最常用和最广泛使用的客观测量方法之一，其数值越高表示重建图像质量越好。

SSIM 是基于两个图像样本间的亮度、对比度和结构的比较来衡量它们的相似度，具体定义如下：

$$\mathrm{SSIM} = \frac{(2\mu_I \mu_{I'} + c_1)(2\sigma_{II'} + c_2)}{(\mu_I^2 + \mu_{I'}^2 + c_1)(\sigma_I^2 + \sigma_{I'}^2 + c_2)} \quad (2\text{-}13)$$

其中，μ_I、$\mu_{I'}$ 分别表示图像 I、I' 的平均值；σ_I^2、$\sigma_{I'}^2$ 分别表示它们的方差；$\sigma_{II'}$ 则表示两个图像的协方差；c_1 和 c_2 均是正常数，用以避免分母为零；SSIM 值越大表示两个图像的相似度越高，其取值范围是从 0 到 1。

在本实验中，采用双三次差值算法作为基线，并比较了三种先进的基于深度学习的超分辨率重建方法。深度学习方法包括 SRCNN、FMISR 和 WMSR。其中，SRCNN 是经典的轻量级超分辨率重建方法，而 FMISR 和 WMSR 是近年来在医学图像超分辨率领域取得先进性能的方法。表 2-3 至表 2-5 分别展示了在两个公开的医学图像数据集上进行 ×2、×3 和 ×4 超分辨率任务时的平均 PSNR 和 SSIM 值。具体地，这些测试结果分别来自 130 张 ChinaSet 正常数据图像、134 张 ChinaSet 异常数据图像、32 张

MontgomerySet 正常数据图像和 23 张 MontgomerySet 异常数据图像。

表 2-3 在 ×2 超分辨率任务中，不同算法在 PSNR/SSIM 指标上的评估结果

方法	数据集							
	ChinaSet-Normal		ChinaSet-Abnormal		MontgomerySet-Normal		MontgomerySet-Abnormal	
	PSNR	SSIM	PSNR	SSIM	PSNR	SSIM	PSNR	SSIM
Bicubic	32.83	0.8675	33.30	0.8445	30.96	0.8974	31.49	0.8940
SRCNN	34.61	0.8905	34.02	0.8577	32.83	0.9305	33.13	0.9240
FMISR	35.05	0.8923	34.23	0.8584	33.97	0.9354	34.17	0.9284
WMSR	34.95	0.8949	34.26	0.8598	34.66	**0.9400**	34.76	**0.9327**
Our proposal	**35.43**	**0.8952**	**34.44**	**0.8608**	**35.31**	0.9383	**35.38**	0.9323

表 2-4 在 ×3 超分辨率任务中，不同算法在 PSNR/SSIM 指标上的评估结果

方法	数据集							
	ChinaSet-Normal		ChinaSet-Abnormal		MontgomerySet-Normal		MontgomerySet-Abnormal	
	PSNR	SSIM	PSNR	SSIM	PSNR	SSIM	PSNR	SSIM
Bicubic	31.92	0.8450	32.29	0.8118	29.14	0.8842	29.64	0.8785
SRCNN	32.57	0.8626	32.65	0.8232	30.03	0.9085	30.45	0.9009
FMISR	**33.71**	0.8681	**33.10**	0.8275	31.55	0.9162	31.89	0.9077
WMSR	32.79	0.8697	32.93	**0.8294**	**31.91**	**0.9184**	**32.21**	**0.9097**
Our proposal	33.08	**0.8700**	32.97	0.8286	31.60	0.9179	31.97	0.9091

表 2-5 在 ×4 超分辨率任务中，不同算法在 PSNR/SSIM 指标上的评估结果

方法	数据集							
	ChinaSet-Normal		ChinaSet-Abnormal		MontgomerySet-Normal		MontgomerySet-Abnormal	
	PSNR	SSIM	PSNR	SSIM	PSNR	SSIM	PSNR	SSIM
Bicubic	29.91	0.8259	30.94	0.7869	27.87	0.8724	28.55	0.8656

续表

方法	数据集							
	ChinaSet-Normal		ChinaSet-Abnormal		MontgomerySet-Normal		MontgomerySet-Abnormal	
	PSNR	SSIM	PSNR	SSIM	PSNR	SSIM	PSNR	SSIM
SRCNN	30.42	0.8327	31.22	0.7958	28.44	0.8907	29.04	0.8822
FMISR	**31.39**	0.8452	**31.68**	0.8020	29.22	0.8967	29.77	0.8894
WMSR	30.82	0.8451	31.46	**0.8021**	29.32	0.8969	29.93	0.8883
Our proposal	31.12	**0.8457**	31.58	0.8018	**29.78**	**0.8990**	**30.38**	**0.8906**

综合而言，与在空间域进行超分辨率重建的方法相比，在小波域中的 WMSR 和 WFSAN 方法在所有数据集上均获得更高的 SSIM 结果。本章提出的方法在使用较少的参数的情况下，整体上实现了更好的重建质量。例如，在 ×2 的超分辨率任务中，WFSAN 方法相比 WMSR 方法，对 PSNR 指标的改善达到了 0.48 dB、0.18 dB、0.65 dB 和 0.62 dB。此外，除了在 ×4 上 ChinaSet 异常胸部图像数据外，本章的方法在 SSIM 上均取得了排名前二的结果。这表明，提出的由小波频率分离结构与注意力重影扩展块构建的模型，不仅减少了参数量，而且提升了重建图像质量。另外，FMISR 在 ChinaSet 数据集上的表现更好，而 WMSR 在 Montgomery 数据集上表现更好。由于模型的泛化能力，本章提出的方法在所有数据集的所有比例因子上表现均进入前三，且在除 ×4 的 ChinaSet 异常胸部图像外均进入前二。不同方法的视觉比较结果显示在图 2-11 至图 2-14 中。观察这些图像，可以明显看出，使用 WFSAN 方法重建的图像具有更为清晰的边缘，整体上也更接近于原始图像。特别是图 2-12 和图 2-14 中，文字的清晰度和连贯性优于其他方法。

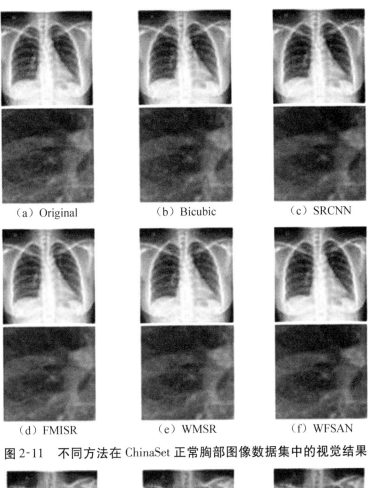

（a）Original　　　　（b）Bicubic　　　　（c）SRCNN

（d）FMISR　　　　（e）WMSR　　　　（f）WFSAN

图 2-11　不同方法在 ChinaSet 正常胸部图像数据集中的视觉结果

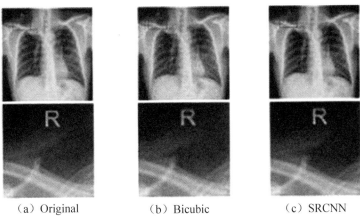

（a）Original　　　　（b）Bicubic　　　　（c）SRCNN

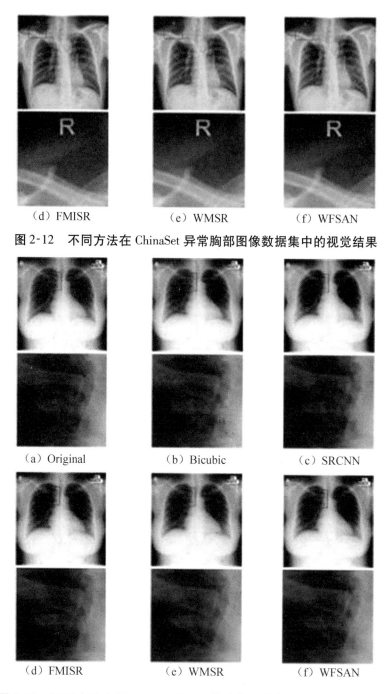

（d）FMISR　　　　　　（e）WMSR　　　　　　（f）WFSAN

图 2-12　不同方法在 ChinaSet 异常胸部图像数据集中的视觉结果

（a）Original　　　　　（b）Bicubic　　　　　（c）SRCNN

（d）FMISR　　　　　　（e）WMSR　　　　　　（f）WFSAN

图 2-13　不同方法在 MontgomerySet 正常胸部图像数据集中的视觉结果

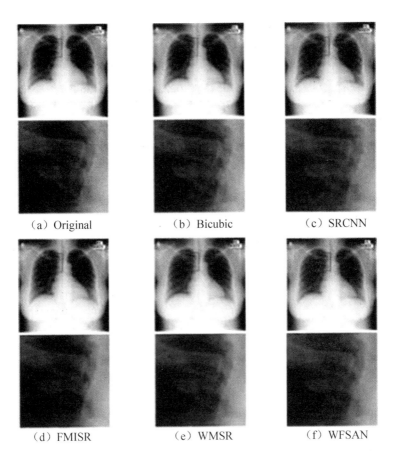

（a）Original　　　　　　（b）Bicubic　　　　　　（c）SRCNN

（d）FMISR　　　　　　（e）WMSR　　　　　　（f）WFSAN

图 2-14　不同方法在 MontgomerySet 异常胸部图像数据集中的视觉结果

此外，笔者还在服务器上对这些方法的执行时间进行了测试，具体结果见表 2-6。尽管本章提出的方法在参数数量上比 FMISR 和 WMSR 方法要少，但其执行时间仍然相对较高。WFSAN 中亚像素卷积层的数量是 FMISR 和 WMSR 的 4 倍，这一因素会影响生成高分辨率图像的时间。可以观察到，相比于 SRCNN，本章提出的方法在 TensorFlow 框架中表现更快。这归功于本章提出的网络是端到端的，能够直接生成最终图像，无须进行图像块的拼接。

表 2-6　不同方法的执行时间

方法	SRCNN	FMISR	WMSR	WFSAN
执行时间/秒	0.7557	0.2278	0.4156	0.7275

在 MontgomerySet 异常胸部图像数据上进行的实验结果如图 2-15 所示，表明 SRCNN 具有最少的参数以及最低的 PSNR。尽管 FMISR 算法具有最多的参数，但其 PSNR 指标却仅次于最差。相较之下，WMSR 的参数量高于 WFSAN 方法，但取得的 PSNR 结果却更低。总体而言，尽管 WFSAN 的参数量较少，但仍然获得了最高的 PSNR 结果。值得一提的是，与 WFSAN(G+G)相比，最终采用的 WFSAN(G+S)参数略有增加，但在 PSNR 指标上表现得更好。

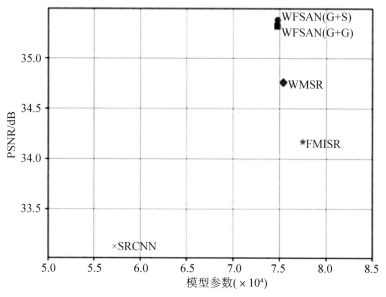

图 2-15　不同方法参数和 PSNR 指标的比较

2.5.4　消融实验

本章研究了采用双分支分别处理高低频子带系数信息对于超分辨率任务重建质量的影响(表 2-7)。实验中，"不分离"方法采用单分支直接同时处理高低频子带系数信息。单分支的基本结构与双分支的低频分支结构相同，但输入输出同时处理高频与低频子带，并且激活函数均替换为 Tanh。
"不分离+残差"方法在单分支中引入了残差学习。结果显示，"不分离"方法重建的结果在 PSNR 与 SSIM 方面表现最差；"不分离+残差"方法降低了学习难度，在一定程度上提高了重建结果的质量；而本章提出的分离高低频信息并采用双分支处理的模型表现最优。需要注意的是，虽然采用双分支时获得了最佳的重建质量，但也伴随着模型参数的增加。

表 2-7　模型分离高低频信息并采用双分支对超分辨率重建的影响(PSVR/SSIM)

模型设计	数据集			
	ChinaSet-Normal	ChinaSet-Abnormal	Montgomery-Normal	Montgomery-Abnormal
不分离	30. 31/0. 8337	31. 09/0. 7922	28. 13/0. 8799	28. 81/0. 8740
不分离+残差	30. 64/0. 8404	31. 33/0. 7974	28. 48/0. 8896	29. 06/0. 8831
分离处理	31. 12/0. 8457	31. 58/0. 8018	29. 78/0. 8990	30. 38/0. 8906

　　为了讨论针对高频分支设计的注意力重影扩展模块的有效性，笔者对比了三种不同的模块组合，包括迷你网格网络、重影扩展模块(GBE)和注意力重影扩展模块(AGBE)，以分析采用注意力重影扩展块对高频特征提取分支的影响。第一种组合低频分支中用 GBE 模块，高频分支中采用迷你网格网络；第二种组合中，WFSAN(G)在低频分支和高频分支中均使用 GBE 模块；而在第三种组合中，WFSAN(S)在低频分支中用 GBE 模块，在高频分支中使用 AGBE 模块。不同模块组合的测试结果见表2-8所列，在该模型的高频分支中采用迷你网格网络表现不佳，带有重影扩展模块的设计更适应本模型高频特征的提取。WFSAN(S)在 PSNR 和 SSIM 方面总体表现更好，因此也被选为本章模型中最终的组合方案。

表 2-8　不同模块组合的测试结果(PSNR/SSIM)

数据集	模型组合		
	WFSAN(M)	WFSAN(G)	WFSAN(S)
ChinaSet-Normal	33. 40/0. 8859	35. 23/0. 8951	35. 43/0. 8952
ChinaSet-Abnormal	33. 53/0. 8534	34. 38/0. 8602	34. 44/0. 8608

数据集	模型组合		
	WFSAN(M)	WFSAN(G)	WFSAN(S)
MontgomerySet-Normal	31.96/0.9234	35.34/0.9376	35.31/0.9383
MontgomerySet-Abnormal	32.44/0.9201	35.32/0.9321	35.38/0.9323

2.6 本章小结

面对没有充分地利用小波域中不同子带的信息的问题,本章提出了一种名为WFSAN的基于小波频率分离注意力网络,专注于高分辨率医学图像的重建。该方法高效生成小波域中低频近似子带系数的特征,并增强了小波域内高频细节子带系数的特征。设计了重影扩展块和注意力重影扩展模块,在减少每个分支所需参数的同时,提高低频和高频特征提取分支的信息获取。此外,这些子带系数被融合以重构所有子带系数,并通过平稳小波逆变换生成高分辨率的图像。

与其他轻量级深度学习方法相比,本章中提出的方法在少量模型参数的情况下,在公开的医学图像数据集上展现出具有竞争力的客观视觉效果。尤其是在×2任务上,在ChinaSet-Normal、ChinaSet-Abnormal、MontgomerySet-Normal、MontgomerySet-Abnormal四个数据集上的PSNR分别领先第二高的算法0.38 dB、0.18 dB、0.65 dB和0.62 dB。这在实际应用中,尤其在医学图像领域中有巨大潜力。这一方法能够有效地改善医学图像的质量,提供更为清晰和详细的图像信息,有助于提高医学影像的诊断准确性和临床应用的可行性,从而为疾病的早期诊断和治疗提供有力支持。

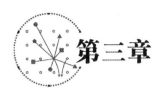

第三章

基于深度小波拉普拉斯金字塔的图像超分辨率重建

在第二章中，处理单幅图像超分辨率任务时，面临训练模型只能重建单个尺度小波系数的问题。本章提出的深度小波拉普拉斯金字塔的图像超分辨率重建网络，能同时重建多个尺度的小波系数。该网络采用离散平稳小波变换提取有效的高频纹理与低频信息，在金字塔结构的每一层级，通过特征提取分支学习小波子带系数残差，通过系数重建分支组合上采样后的小波子带系数。为了适应小波域的学习，在卷积模块的基础上探索了不同的特征提取模块设计，还设计了纹理-鲁棒损失(分别关注小波域中低频和高频信息的学习，以促进小波系数重建)。此外，探索了小波变换和残差模块设计对噪声和运动模糊干扰的抵抗。广泛的实验结果表明，与先进的方法相比，所提出的方法在公开车标数据集中，总体上具有更好的客观指标。同时，该方法在有噪声干扰和运动模糊的情况下也优于其他方法。

3.1 引言

　　学者们进行了一系列基于深度学习与小波结合的图像超分辨率重建方法的研究[132]。其中，首个在小波域中使用深度卷积神经网络的超分辨率重建方法（DWSR）由 Guo 等人[62]提出。该方法通过离散小波变换，超分辨率问题被转化为小波系数的预测问题。它利用全局残差学习低分辨率和高分辨率图像之间的残差系数，并受益于小波系数的稀疏性从而提高了模型的性能。Huang 等人[63]构建了基于小波包的卷积神经网络。在该方法中，小波包分解充当了离散小波变换的角色，对低频和高频信息均进行分解。跳跃连接被用于特征嵌入和小波预测网络，反卷积层则用于重构网络。为了保持训练的稳定性，并尽量减少纹理细节的丢失，该方法结合了小波预测损失、纹理损失和全图像损失来共同优化模型。由于自然图像的细节系数必然是稀疏的，因此更适合卷积神经网络学习和输出[95]。为此，学者们采用三层卷积神经网络来估计高分辨率图像的细节系数。然而，这些方法都聚焦于重建单个尺度的高分辨率图像。

　　在空间域中，研究者们提出了一系列基于拉普拉斯金字塔框架的方法[104,133-134]用于解决超分辨率问题。作为首个拉普拉斯金字塔超分辨率网络LapSRN，其由一组级联卷积神经网络组成[104]。该模型主要学习图像的残差信息，并通过使用反卷积层替代双三次插值逐步生成高分辨率图像。这项工作还引入了鲁棒的 Charbonnier 损失函数。Xia 等人[135]将拉普拉斯金字塔框架与生成对抗网络相结合，提出了多尺度生成对抗网络。Lai 等人[136]在其工作中对深度拉普拉斯金字塔网络进行了进一步的扩展和改进，通过递归模块重新设计了架构。此外，Lai 尝试了三种不同的特征嵌入子网络解决方案，包括无跳跃连接、不同来源的跳跃连接和共享来源的跳跃连接。

而且，该工作只需训练一个模型，就能生成不同上采样比例的高分辨率图像。Anwar 等人[137]提出了密集残差拉普拉斯模块和拉普拉斯注意力，并通过拉普拉斯注意力综合考量了在不同层级中更为重要的残差特征。

这些基于拉普拉斯金字塔框架的深度学习方法在解决图像超分辨率问题上表现出良好效果。目前，小波域中的超分辨率重建方法主要考虑单阶段重建图像。因此，本章工作中将拉普拉斯金字塔框架应用于小波域超分辨率问题中，以逐步重建超分辨率图像。然而，直接将拉普拉斯金字塔框架用于小波系数预测则忽略了小波域中信号的特点。因此，笔者同时捕捉高频和低频信息的小波子带系数残差来增强学习内容的稀疏性并减轻训练负担。此外，笔者还探索了合适特征提取分支的设计，采用包含残差块的特征提取块用于每一层级的特征提取。同时，考虑到子带系数残差中存在的大量负值，笔者选择将激活函数设置为 Tanh 来代替空间域常见的 ReLU。由于高频和低频信息一同进行训练，笔者设计了一种纹理-鲁棒损失函数，以分别关注高频和低频子带的信息的学习，并使用平衡权重来调节对高低频子带的学习权重。

3.2 相关研究分析

单一尺度的超分辨率重建模型，无论是在前端还是后端进行上采样的方案，都只在单一步骤中完成，这会显著提高对于大尺度因子的学习难度。此外，这些方法对不同尺度因子都需要独立训练一个模型，来生成对应尺度因子的图像，这会增加计算成本。为了克服这些问题，在空间域中，拉普拉斯金字塔超分辨率网络（LapSRN）采用了一种渐进上采样框架[104]。具体而言，该框架参考了拉普拉斯金字塔结构，通过级联方式连接各阶段，逐步重建更高分辨率的图像。在每个阶段中，通过卷积神经网络对上一阶段中学习的残差信息进一步细化，然后将低分辨率图像与细化后的残差信息一起上采样到更高的分辨率。此外，多尺度拉普拉斯金字塔超分辨率网络（MS-LapSRN）[136]和渐进超分辨率网络（ProSR）[105]，也采用了这种渐进式框架，并取得了更好的重建性能。与仅使用中间重建结果作为后续模块输入的 LapSRN 和 MS-LapSRN 不同，ProSR 通过独立的结构重建每一个中间分辨率图像。该方法在处理大尺度因子时，在每个阶段并不保持完全一致的结构，而是根据特征层级的增加逐渐减少结构的深度。该框架下的模型采用了渐进的训练代替多尺度训练来降低了学习难度。然而，这些模型也面临一些挑战，例如，如何为每个阶段设计合适的结构，以及如何将这些方法拓展到非空间域方法。这需要更多模块设计以及考虑其他变换域中信号的特点。

超分辨率重建等图像恢复技术快速发展，在智能交通领域的研究应用也日益增长。Zhao 等人[138]提出了一个联合畸变矫正和超分辨率重建的端到端框架，并设计了一种面向对象的超分辨率损失函数，改善了鱼眼拍摄车辆数据的纹理重建。为解决自动驾驶中低分辨率图像中特征丢失从而降低目标检测准确性的问题，Musunuri 等人[139]结合超分辨率重建网络来增强小目标的感知质量。该网络采用了稠密连接设计和累积分层特征的改进残差块。An 等人[140]提出了基于典型相关分析的一种方法，通过在 LR 输入图像和使用不同模型生成的 HR 图像之间的梯度直方图特征空间中找到最佳匹配，来选择最终车辆标志超分辨率重建结果，以促进对车辆品牌的识别。智能驾驶中捕捉到的低分辨率和模糊图像会干扰交通标志检测的准确。因此，Wang 等人[141]提出了一种基于 WDSR 框架的超分辨率转换网络，以促进后续交通标志检测。针对复杂场景下运动模糊的车辆标志，Zhou 等人[142]设计了 Filter-DeblurGAN 来判断图像模糊程度，以自适应地对任意分辨率的图像进行去模糊。Pan 等人[143]提出了自动超分辨率车牌识别网络（SRLPR），用于解决远程监控中车牌识别问题。网络中引入了双分支注意力模块，将空间注意机制和通道注意机制结合到 SR 网络中以增强图像质量。Guarnieri 等人[144]设计了一种快速的多帧超分辨技术来增强车牌图像。车辆品牌的识别在执法和监控领域具有重要意义。设备采集的图像通常呈现低分辨率，需要借助图像超分辨率技术来提高图像的质量，以助于后续下游任务。

3.3　现有工作的不足

现有的小波域图像超分辨率重建算法大多数都是单一尺度放大的模型，这需要为每个尺度超分辨率任务都单独训练一套模型参数。空间域中基于拉普拉斯金字塔的渐进式超分辨率重建方案可以由一个模型生成不同尺度的重建图像。此外，小波分解后的信息在高频纹理结构上比空间域图像更为突出。因此，在小波域中，借鉴拉普拉斯金字塔结构，设计渐进式超分辨率重建网络是必要的。同时，对于小波域中模型的激活函数选取以及损失函数改进进行了分析。如何在小波域中设计适合的渐进式超分辨率重建模型是一个热点研究问题。

针对上述情况，本书提出了基于深度小波拉普拉斯金字塔的图像超分辨率重建网络。这一方法结合了拉普拉斯金字塔结构来预测小波变换图像的子带系数。首先，采用适当的网络架构，在小波域中利用残差块进行特征提取；其次，通过卷积块重建出残差系数；再次，在重建分支中生成小波子带系数，利用纹理-鲁棒损失函数进行低频与高频子带系数的重建；最后，应用平稳小波逆变换，从生成的系数生成预测的高分辨率图像。通过广泛的客观和主观评估，验证所提出的算法整体上优于先进的基于拉普拉斯金字塔的算法。同时，受益于小波变换在信号压缩和去噪等领域的优势，面对高斯噪声、运动模糊等退化时，设计的网络也保持了更优的结果。

3.4 基于深度小波拉普拉斯金字塔的图像超分辨率重建方法

3.4.1 小波子带系数

本书的超分辨率模型用到了二维离散平稳小波变换(2D-SWT)。与离散小波变换 DWT 相比,SWT 不需要下采样算子,从而在变换过程中仍保持图像的大小。生成的子带富有冗余信息,利于网络学习。2D-ISWT 通过分别对行和列逆变换来重建原始图像。DWT 和 SWT 之间的详细分析可参见文献[145]。图 3-1 为车标图像上的二维离散平稳波变换示例,车标图像经过 2D-SWT 后得到的 4 个子带系数 A、H、V 和 D 分别代表近似、水平、垂直和对角线子带信息。经过一层分解后,子带 A 的取值范围为[0,510],H、V、D 的取值范围均为[-255,255]。但如果考虑学习子带残差,则易知,理论上 4 个子带残差的取值范围为[-510,510]。对于该实例,子带的系数分布和子带残差的系数分布情况如图 3-2 和图 3-3 所示。可以发现,小波域中的子带系数的取值范围不同于空间域图像[0,255]的范围,并且子带残差的分布更为接近,这利于网络学习。

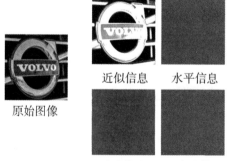

图 3-1　车标图像上的二维离散平稳小波变换示例

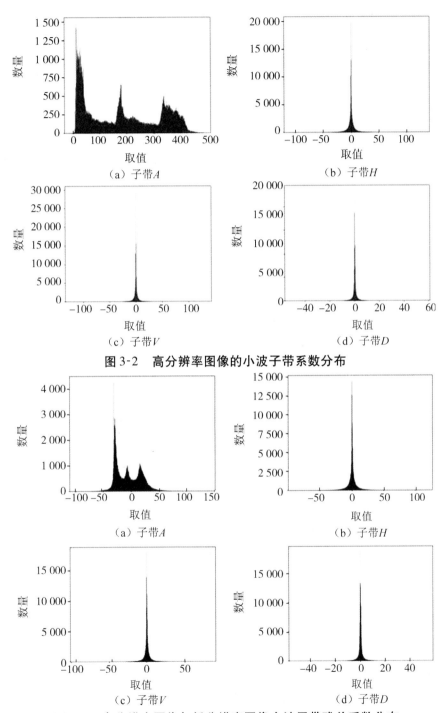

图 3-2　高分辨率图像的小波子带系数分布

图 3-3　高分辨率图像与低分辨率图像小波子带残差系数分布

$\boxed{3.4.2}$ 网络结构设计

本节将详细介绍提出的网络框架。WLapSRN 整体网络架构如图 3-4 所示，网络输入低分辨率图像的小波系数，然后逐步重建不同放大尺度的高分辨率图像小波系数。该网络主要由特征提取和系数重建两个分支组成，这两个分支基于拉普拉斯金字塔框架进行构建。最终输出的小波系数通过小波逆变换生成输出图像。

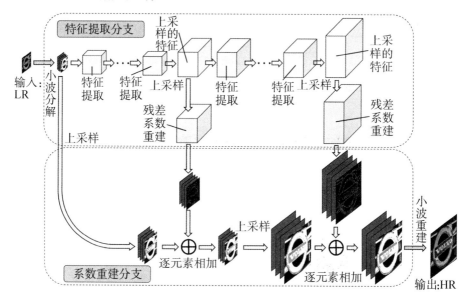

图 3-4　WLapSRN 整体网络架构

当重建放大尺度为 S 比例的 LR 图像 x 时，网络需要 $\log_2^S$ 的金字塔层级。在特征提取分支中，第 l 层级的特征提取分支子网络由 n 个特征提取层与 1 个上采样层组成。特征提取层用于捕捉残差信息，上采样层用于按尺度 2 的比例对残差信息进行上采样。经过上采样后的输出分别被输入预测 l 层小波系数残差信息的重建层和 $l+1$ 层级特征提取分支子网络中的第一层特征提取层。在系数重构分支中，第 l 层输入的系数经过上采样层按照尺度 2 的比例进行上采样。上采样的结果与上采样的小波系数残差信息合并，最

终生成第 $l+1$ 层的输入。对于放大 S 比例的图像，第 $l=\log_2^S$ 层的输出为最终重建 SR 图像的系数。输出系数通过小波逆变换最终重建 SR 图像。

如图 3-4 上半部分所示，特征提取分支的输入是 LR 图像小波分解后得到的系数，而输出则是各层级小波系数的残差信息。该分支 $l-1$ 到 l 层级的过程如下所示：

$$\begin{cases} F_{ec}^l = f_e(F_c^{l-1}) \\ F_c^l = f_{up}(F_{ec}^l) \end{cases} \tag{3-1}$$

其中，F_c^{l-1} 是第 l 层级的子网络的输入；F_{ec}^l 是经过第 l 层级特征提取层所获取的特征，F_c^l 是第 l 层级的子网络的输出，f_e 是子网络特征提取；f_{up} 是子网络上采样。另外，F_c^0 代表 LR 图像 x 经过小波分解后得到的系数 $f_{swt}(x)$。

如图 3-4 下半部分所示，系数重建分支的第 l 层级的系数重建分支子网络的输入由基础系数 c_{l-1}^b 与残差特征 F_c^l 构成。c_0^b 由 LR 图像的小波系数构成。残差系数 c_l^r 由 F_c^l 通过重建网络学习而来。二者通过合并操作获得重建系数 c_l^b。c_l^b 是当前层输出小波系数，可以作为 $l+1$ 系数重建分支子网络的输入。最终输出系数经过小波逆变换后得到 SR 图像 y。该分支 $l-1$ 到 l 层级的过程如下所示：

$$\begin{cases} c_l^r = f_r(F_c^l) \\ c_r^b = c_l^r + f_{up}(c_{l-1}^b) \end{cases} \tag{3-2}$$

其中，f_r 代表残差系数重建；f_{up} 代表上采样。网络的任务是训练 f_e，f_r 与 f_{up} 映射，从 LR 图像 x 重建 SR 图像 y。网络初始输入层有 $F_c^0 = c_0^b = f_{swt}(x)$。

最终，经过 l 层后重建的 SR 图像由小波逆变换获得：

$$y_l = f_{iswt}(c_l^b) \tag{3-3}$$

其中，重建结果 y 应尽可能接近真实 HR 图像 $\hat{y}$。

此外，笔者设计了一种分离学习低频、高频信息的纹理损失函数。第 l 层级的低频子带损失函数可定义为

$$\ell^l_{wl}(\hat{c},\ c;\ \theta) = \frac{1}{N}\sum_{i=l}^{N}(\rho(\hat{c}_l(i,\ n) - c_l(i,\ n))) \qquad (3\text{-}4)$$

第 l 层级的高频子带损失函数可定义为

$$\ell^l_{wh}(\hat{c},\ c;\ \theta) = \frac{1}{N}\sum_{i=1}^{N}\sum_{n=1}^{N_s}\rho(\hat{c}_l(i,\ n) - c_l(i,\ n)) \qquad (3\text{-}5)$$

第 l 层级的总损失函数为

$$loss(\hat{c},\ c;\ \theta) = \ell^l_{wl}(\hat{c},\ c,\ c;\ \theta) + \lambda\ell^l_{wh}(\hat{c},\ c;\ \theta) \qquad (3\text{-}6)$$

其中，$\rho(x) = \sqrt{x^2 + \sigma^2}$ 是 Charbonnier 损失函数；θ 表示模型的可训练参数；N 表示训练样本的数量；N_s 表示高频小波子带的数量；S 表示最大的放大尺度；λ 是高频系数权重，用于调整高频小波子带系数的重要程度；$c_l(i,\ n)$ 表示第 i 个训练样本在金字塔层级 l 上的第 n 个高频子带的预测系数；$\hat{c}^l_l(i)$ 为对应高分辨率图像小波系数；$c_l(i,\ 0)$ 表示第 i 个训练样本在金字塔层级 l 上超分辨率图像近似信息子带的系数；$\hat{c}_l(i,\ 0)$ 为相应高分辨率图像近似信息子带的系数。

模型学习率更新以及训练过程的算法如下。

算法 3-1　模型学习率更新以及训练过程

输入： $\{(y_n,\ x_n)\}|_{n=1}^{N}$：用于训练的数据对；

　　　　$N_{epochs} \in \mathcal{N}$：训练迭代的总次数；

　　　　N_{decay}：学习率衰减轮次；

　　　　θ：可训练的参数；θ_{init}：初始化的参数；

　　　　$\alpha \in (0,\ \infty)$：学习率；

　　　　λ：高频系数权重；

　　　　S：最大放大尺度因子；

输出： $\hat{\theta}$：训练后的参数；

```
1    θ = θ_init；for i = 1，2，…，N_epochs do

2    │    for n = 1，2，…，N_data do

3    │    │    ŷ_n ⟸ Model(y_n, x_n | θ)；

4    │    │    if N_epochs % N_decay == 0 then

5    │    │    │    α = 0.1 · α；

6    │    │    end

7    │    │    for l = 1，2，…，log_2(S) do

8    │    │    │    loss(y_n, y_n; θ) = ℓ_{wl}^l + λ · ℓ_{wh}^l；

9    │    │    │    θ ⟸ θ − α · ∇loss(ŷ_n, y_n; θ)；

10   │    │    end

11   │    end

12   end

13   return θ̂ = θ；
```

对本书中所涉及的方法在输入、重建方式、小波变换、残差块及残差学习之间的差异进行了比较(表 3-1)。对于模型输入，只有 SRCNN 方法采用了 Bicubic 算法上采样后的图像，其他方法均直接使用 LR 图像。SRCNN 与 FSRCNN 均直接学习对应放大尺度的模型，而 WLapSRN 模型和其他基于拉普拉斯的方法都是逐步提升放大尺度来重建图像。此外，SRCNN 与 FSRCNN 没有采用残差学习，而其他方法均使用。本书的方法利用二维离散平稳小波变换将超分辨率图像重建问题转换为小波域系数重建问题，而其他的方法均在空间域中考虑。在 LapSRN 方法和 WLapSRN 方法的特征提取分支中分别考虑了用卷积块和残差块作为基本模块。这些方法结果的对比分析将在后续实验中介绍。

表 3-1　超分辨率算法之间的差异比较

方法	输入	重建方式	小波变换	残差块	残差学习
SRCNN	LR + Bicubic	直接	否	否	否
FSRCNN	LR	直接	否	否	否
LapSRN	LR	渐进	否	否	是
LapSRN-res	LR	渐进	否	是	是
WLapSRN-conv（Ours）	LR	渐进	是	否	是
WLapSRN-res（Ours）	LR	渐进	是	是	是

(3.4.3) 特征提取模块

在提出的方法中，特征提取分支的基本结构考虑了卷积块和残差块两种。当设计采用卷积块作为基本结构时，如图 3-5 所示，每一个基本块均包含由 64 个大小为 $3 \times 3 \times 64$ 的卷积核，并采用负斜率为 0.2 的 LeakyReLU 激活函数。每个层级的特征提取分支由 10 个这样的基本块级联而成。具体过程如下：

$$
\begin{cases}
f(b) = \text{LeakyReLU}(f_{\text{conv}}(x)) \\
f(x) = \underbrace{f_b(\cdots f_b(f_b(x)))}_{10}
\end{cases}
\tag{3-7}
$$

当设计采用残差块作为基本结构时，如图 3-6 所示，每个基本块均包含一个残差块和一个 Tanh 激活函数。每个残差块的残差部分以卷积层、Tanh 激活函数、卷积层的形式组成。其中，每个卷积层同样包含 64 个大小为 $3 \times 3 \times 64$ 的卷积核。每个层级的特征提取分支由 5 个这样的基本块级联而成。具体过程如下：

$$
\begin{cases}
f(b) = \text{Tanh}(f_{\text{conv}}(\text{Tanh}(f_{\text{conv}}(x))) + x) \\
f(x) = \underbrace{f_b(\cdots f_b(f_b(x)))}_{5}
\end{cases}
\tag{3-8}
$$

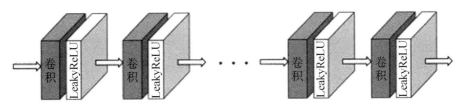

图3-5　特征提取分支采用卷积块作为基本结构

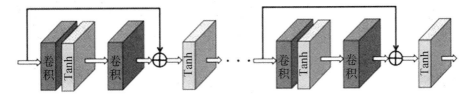

图3-6　特征提取分支采用残差块作为基本结构

3.5 实验分析

3.5.1 实验数据

实验中采用的所有车标数据集均来源于文献[146]。本实验选取了数据集中的所有训练图像作为训练数据，并从测试图像中选取了 10 个车标类别的图像构成测试数据集。验证数据由数据集测试图像中其余类别中的 10 张随机图像组成。为了构建训练数据集，笔者将图像裁剪为 128×128 的 HR 图像块，重叠像素被设置为 64。相应的 LR 图像块通过双三次插值下采样生成。此外，笔者还进行了数据增强，包括对图像进行 90°、180° 和 270° 的随机旋转。实验结果是在 YCbCr 色彩空间的亮度通道 Y 下进行评估。预测的亮度通道 Y 与通过双三次插值直接从低分辨率图像中放大的 Cb 和 Cr 通道相结合，生成了色彩结果。图 3-7 展示了实验中所使用的各类车标图像实例。其中，图（a）代表 Audi 车标，图（b）代表 BMW 车标，图（c）代表

Cadillac 车标，图（d）代表 Ford 车标，图（e）代表 Honda 车标，图（f）代表 Kia 车标，图（g）代表 Land Rover 车标，图（h）代表 Mercedes-Benz 车标，图（i）代表 Toyota 车标，图（j）代表 Volvo 车标。

图 3-7　公开车标数据集实例

3.5.2　实现细节

本章实验具体配置如下。用于训练和测试的硬件配置采用 GPU 显卡型号为 NVIDIA GeForce RTX 3070Ti，显存为 8 GB；CPU 处理器型号为 Intel（R）Core（TM）i7-10700KF@3.80GHz；RAM 内存为 16 GB DDR4。软件配置中采用 3.7.11 版本的 Python 语言，并采用 1.11.0 版本的 Pytorch 作为深度学习框架。在数据预处理阶段使用了 Matlab 2019a 平台。在预处理训练数据时，在 Matlab 中裁剪出训练图像块并进行相应的缩放，然后在 Python 中通过 SWT 将图像转换到小波域。

在进行模型测试时，无须进行任何裁剪，直接将测试图像输入模型，以端到端的方式生成超分辨率重建图像。

为了初期快速收敛，后期精细接近最优解，学习率初始值设为 10^{-3}，每 40 个批次减小到原来的 0.1。采用 Adam 优化器进行模型训练，优化器参数 ε 设置为 10^{-8}，其他参数按默认设置。Batch 大小设置为 64，总训练批次设定为 100。该模型中选用 Sym4 作为小波基函数，损失函数中的 λ 经验性设置为 0.3。

特征提取模块的具体设置如下。第一层级的首个卷积层包含 64 个卷积核，卷积大小均为 $3 \times 3 \times 4$，用于接受 4 个子带的小波系数输入。之后每一层级的首个卷积层同样包含 64 个卷积核，但卷积大小均为 $3 \times 3 \times 64$，用于接受上一层提取特征输入。每一层特征提取支路末端包含 64 个反卷积核，大小均为 $3 \times 3 \times 64$，步长设置为 2。特征提取支路端输出经过 4 个大小为 $3 \times 3 \times 64$ 的卷积核，将特征提取分支的输出映射到系数重构分支的残差输入。此外，系数重建分支的上采样层表示包含 4 个反卷积核，每个反卷积核的大小为 $4 \times 4 \times 4$，步长也设置为 2。

(3.5.3) 实验结果

在实验中，为了评价客观质量，采用了峰值信噪比(PSNR)和结构相似性指数(SSIM)这两个指标值来评估不同算法在亮度信道上的结果。

WLapSRN 一共与 4 种先进的超分辨率算法 SRCNN[10]、FSRCNN[41]、LapSRN[104] 和 MS-LapSRN[136] 进行了比较。实验共对 Audi、BMW、Cadillac、Ford、Honda、Kia、Land Rover、Mercedes-Benz、Toyota 与 Volvo 这 10 类车标图像进行了 ×2 与 ×4 超分辨率任务的测试，结果在表 3-2 至表 3-5 中呈现。表中每类车标中最佳的指标结果已加粗显示。

表 3-2 在 Audi、BMW、Cadillac、Ford 与 Honda 车标数据集中

不同方法在 ×2 超分辨型任务下的平均 PSNR/SSIM 值

方法	数据集				
	Audi	BMW	Cadillac	Ford	Honda
Bicubic	28.33/0.8998	29.83/0.9226	27.90/0.8934	28.70/0.9030	27.54/0.8825
SRCNN	31.22/0.9361	33.27/0.9539	30.78/0.9359	31.96/0.9423	30.38/0.9262

方法	数据集				
	Audi	BMW	Cadillac	Ford	Honda
FSRCNN	31.77/0.9415	33.94/0.9583	31.38/0.9418	32.60/0.9442	31.00/0.9324
LapSRN	**32.21**/0.9446	**34.59/0.9624**	**31.78/0.9461**	**33.37/0.9513**	**31.54**/0.9385
LapSRN-res	30.36/0.9278	32.20/0.9461	29.89/0.9252	30.78/0.9312	29.89/0.9204
MS-LapSRN	31.97/0.9432	34.27/0.9604	31.58/0.9440	33.02/0.9492	31.36/0.9365
WLapSRN	32.17/**0.9447**	34.52/0.9619	31.77/0.9458	33.22/0.9501	31.53/**0.9387**

表 3-3　在 Kia、Land Rover、Mercedes-Benz、Toyota 与 Volvo 车标数据集中

不同方法在 ×2 超分辨率任务下的平均 PSNR/SSIM 值

方法	数据集				
	Kia	Land Rover	Mercedes-Benz	Toyota	Volvo
Bicubic	30.80/0.9226	29.25/0.8969	29.23/0.8992	29.26/0.8969	28.39/0.8816
SRCNN	34.35/0.9526	32.62/0.9353	32.41/0.9360	32.30/0.9334	31.45/0.9209
FSRCNN	34.84/0.9562	33.23/0.9403	32.94/0.9396	32.86/0.9378	31.93/0.9254
LapSRN	**35.26/0.9586**	**33.67/0.9410**	**33.40**/0.9412	**33.24**/0.9407	**32.30/0.9281**
LapSRN-res	33.18/0.9450	31.57/0.9259	31.30/0.9263	31.38/0.9248	30.34/0.9104
MS-LapSRN	35.04/0.9573	33.43/0.9396	33.17/0.9405	33.03/0.9391	32.12/0.9267
WLapSRN	35.20/**0.9586**	33.55/0.9406	33.34/**0.9413**	33.21/**0.9408**	32.25/**0.9281**

表 3-4　在 Audi、BMW、Cadillac、Ford 与 Honda 车标数据集中

不同方法在 ×4 超分辨率任务下的平均 PSNR/SSIM 值

方法	数据集				
	Audi	BMW	Cadillac	Ford	Honda
Bicubic	23.58/0.7439	24.82/0.8021	23.18/0.7207	23.71/0.7486	22.68/0.7047

续表

方法	数据集				
	Audi	BMW	Cadillac	Ford	Honda
SRCNN	25.28/0.7993	26.91/0.8553	24.69/0.7851	25.76/0.8126	24.38/0.7711
FSRCNN	25.57/0.8025	27.34/0.8549	25.02/0.7918	26.27/0.8196	24.75/0.7784
LapSRN	26.51/0.8369	28.97/0.9002	25.62/0.8307	27.80/0.8681	25.84/0.8242
LapSRN-res	26.41/0.8333	28.63/0.8946	25.59/0.8258	27.58/0.8624	25.72/0.8199
MS-LapSRN	**26.81**/0.8396	29.04/0.8985	**25.98**/0.8326	**27.99**/0.8667	**26.10**/0.8259
WLapSRN	26.80/**0.8413**	**29.16/0.9011**	25.92/**0.8354**	**27.99/0.8700**	26.00/**0.8288**

表 3-5　在 Kia、Land Rover、Mercedes-Benz、Toyota 与 Volvo 车标数据集中

不同方法在 ×4 超分辨率任务下的平均 PSNR/SSIM 值

方法	数据集				
	Kia	Land Rover	Mercedes-Benz	Toyota	Volvo
Bicubic	25.46/0.7907	23.87/0.7334	24.46/0.7561	24.29/0.7443	23.86/0.7286
SRCNN	27.96/0.8483	25.83/0.7972	26.49/0.8105	26.22/0.8023	25.76/0.7861
FSRCNN	28.28/0.8499	26.38/0.8066	26.82/0.8145	26.57/0.8075	26.07/0.7902
LapSRN	29.77/0.8867	27.51/0.8448	27.96/0.8486	27.56/0.8431	27.22/0.8277
LapSRN-res	29.62/0.8838	27.36/0.8401	27.80/0.8449	27.41/0.8382	27.04/0.8239
MS-LapSRN	30.02/0.8877	27.82/0.8463	28.16/0.8496	**27.82**/0.8440	**27.40**/0.8291
WLapSRN	**30.09/0.8900**	**27.84/0.8491**	**28.22/0.8525**	27.79/**0.8460**	27.37/**0.8307**

从表 3-4 和表 3-5 的数据可以看出，在进行 ×4 超分辨率任务时，WLapSRN 算法在所有车标类型的 PSNR 与 SSIM 指标上均取得了前二的结果。该方法在 SSIM 指标上表现最佳，并在 BMW、Ford、Kia、Land Rover 与 Mercedes-Benz 车标上取得了最高的 PSNR 指标。逐级渐进重建算法 MS-LapSRN 在 PSNR 指标上也表现出色。然而，在 ×2 超分辨率任务中，整体而言，LapSRN 方法表现最佳。WLapSRN 在 Audi、Honda、Kia、Mercedes-

Benz、Toyota 与 Volvo 车标上取得了最佳的 SSIM 值，且其他数据在 SSIM 指标上排名第二。

在视觉结果展示时，由于车标图像的大小不同，为了便于统一展示，笔者将所有车标图像均调整为 300×300 的大小进行显示。图 3-8 至图 3-10 为 BMW、Mercedes-Benz 和 Volvo 汽车车标数据集的 ×4 超分辨率的视觉对比。由图可知，WLapSRN 生成的 HR 图像整体上比其他方法更加清晰。以 BMW 车标为例，与其他方法相比，WLapSRN 模型生成的字符"M"和"W"没有明显的伪影。在 Mercedes-Benz 车标例子中，WLapSRN 生成的直线和网格图案比其他方法更准确。可以观察到，LapSRN、LapSRN-conv 和 MS-LapSRN 重构的 Mercedes-Benz 车标存在一定程度的失真。而在 Volvo 的例子中，WLapSRN 方法生成的字符整体形状更为清晰，如字母"O"与高分辨率图像的形状更为一致。

HR (PSNR)　　Bicubie (22.37)　　SRCNN (24.91)　　FSRCNN (25.26)

Ground-truth HR　　LapSRN (27.90)　　LapSRN-res (27.13)　　MS-lapSRN (27.69)　　WLapSRN (28.24)

图 3-8　BMW 车标数据集的 ×4 超分辨率视觉对比

HR (PSNR)　　Bicubic (25.53)　　SRCNN (27.60)　　FSRCNN (27.72)

Ground-truth HR　　LapSRN (28.21)　　LapSRN-res (28.13)　　MS-LapSRN (28.61)　　WLspSRN (28.69)

图 3-9　Mercedes-Benz 车标数据集的 ×4 超分辨率视觉对比

Ground-truth HR	HR (PSNR)	Bicubic (22.96)	SRCNN (26.07)	FSRCNN (26.07)
	LapSRN (26.86)	LapSRN-res (26.70)	MS-LapSRN (27.00)	WLspSRN (27.15)

图 3-10 Volvo 汽车标数据集的 ×4 超分辨率视觉对比

此外，笔者对不同算法的收敛情况进行了分析。从验证集上进行的实验结果（图3-11）可以看出，使用残差模块的方式初始阶段的收敛速度不及直接采用卷积块的方式。然而，在小波域中，采用残差块代替卷积块最终能够收敛到更好的结果。

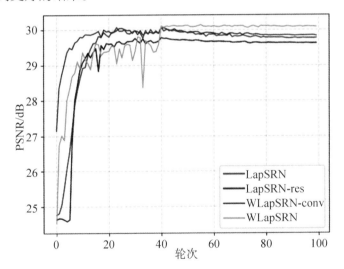

图 3-11 不同训练模型的收敛情况分析

3.5.4 消融实验

首先，讨论了特征提取过程中采用不同激活函数对模型的影响。其次，探索了纹理-鲁棒损失合适的权重。最后，还探讨了模型面对噪声干扰和运动模糊的表现。

在小波域的超分辨率任务中，信号的数值特征与空间域中的信号有所不同。因此，本节着重探讨了更适用于小波域激活函数的使用策略。主要对比了 ReLU、LeakyReLU 与 Tanh 这三种激活函数的效果。其中，ReLU、LeakyReLU、Tanh 分别表示整个网络只使用了 ReLU、LeakyReLU 或 Tanh 激活函数。－L 表示使用了重建的超分辨率图像小波变换低频分量与高分辨率图像中的小波变换高频分量组合的结果。－H 表示使用了重建超分辨率图像小波变换高频分量与高分辨率图像小波变换低频分量组合的结果。通过这两种组合方式，分别测试了使用不同激活函数时重建出的高频分量和低频分量的质量。针对五种不同数据集进行了评估，实验结果见表 3-6 所列，表中每类激活函数的最值结果已加粗表示。通过实验结果可以发现，在使用 Tanh 作为激活函数时，无论是整体的重建效果还是单独考虑低频分量或高频分量的重建效果都优于使用 ReLU 的情况。在 Tanh 与 LeakyReLU 的比较中，除了在 BMW 测试数据集的 SSIM 指标上 LeakyReLU 稍高出 0.0001、在 Volvo 数据集的 PSNR 指标上 LeakyReLU-L 稍高出 0.01 外，在其他情况下 Tanh 激活函数表现更优。以 Audi 测试数据为例，相比于对应 ReLU 激活函数的重建结果，Tanh、Tanh-L、Tanh-H 分别在 PSNR/SSIM 指标上获得了 0.25/0.0048、0.32/0.0036 以及 0.21/0.0020 的提升；相比于对应的 LeakyReLU 激活函数，获得了 0.17/0.0027、0.16/0.0021 以及 0.18/0.0017 的提升。同时可以观察到，不同激活函数对于高低频分量的影响没有明显的差异。

表 3-6　不同激活函数对小波域超分辨率重建的影响

激活函数	数据集				
	Audi	BMW	Cadillac	Mercedes-Benz	Volvo
ReLU	26.55/0.8365	28.93/0.8996	25.67/0.8315	27.97/0.8497	27.16/0.8277

续表

激活函数	数据集				
	Audi	BMW	Cadillac	Mercedes-Benz	Volvo
ReLU-L	30.63/0.9337	33.51/0.9640	29.45/0.9320	32.44/0.9463	31.51/0.9403
ReLU-H	30.88/0.9376	32.82/0.9558	30.29/0.9348	31.98/0.9378	31.05/0.9203
LeakyReLU	26.63/0.8386	29.04/**0.9012**	25.69/0.8327	28.09/0.8514	27.28/0.8299
LeakyReLU-L	30.79/0.9352	33.71/0.9650	29.52/0.9323	32.67/0.9474	**31.74**/0.9419
LeakyReLU-H	30.91/0.9379	32.89/0.9560	30.29/0.9346	32.03/0.9399	31.08/0.9205
Tanh	**26.80/0.8413**	**29.16**/0.9011	**25.92/0.8354**	**28.22/0.8525**	**27.37/0.8307**
Tanh-L	**30.95**/0.9373	**33.75/0.9652**	**29.68/0.9344**	**32.71/0.9483**	31.73/**0.9424**
Tanh-H	**31.09/0.9396**	33.05/**0.9563**	**30.54/0.9367**	32.19/**0.9409**	**31.22/0.9217**

经过实验分析，探讨纹理-鲁棒损失 Texture-Charbonnier 对模型的影响（表3-7）。提出的损失函数分别关注低频与高频子带系数的学习，并在合适的 λ 下取得最优的 PSNR 与 SSIM 结果。当 $\lambda = 10$ 时，网络更加注重学习高频子带系数，强调了高频子带的学习，而限制了低频子带系数的学习，这反而影响了整体的重建结果。当 $\lambda = 0.1$ 时，网络更注重学习低频子带系数，重建效果优于过于关注高频分量的方法。由于高频通道的数量是低频的 3 倍，为了让网络在学习时对低频和高频保持相对平衡，对高频损失进行了相对均衡。在本章中最后采用的是 $\lambda = 0.3$，该参数设置达到了最好的指标结果。

表3-7 纹理-鲁棒损失函数损失对模型的影响

数据集	$\ell_{tc}(\lambda = 0.1)$	$\ell_{tc}(\lambda = 0.3)$	$\ell_{tc}(\lambda = 10)$
BMW	29.10/0.9001	29.16/0.9011	28.76/0.8923
Kia	30.06/0.8897	30.09/0.8900	29.66/0.8834
Volvo	27.35/0.8307	27.37/0.8307	27.02/0.8225

进一步研究了小波域和基于残差的超分辨率方法在面对高斯噪声、运动模糊等干扰情况的有效性。高斯噪声是数字图像中常见的一种噪声，其

概率密度函数服从高斯分布。其具体定义如下：

$$f(x) = \frac{1}{2\pi\sigma}e^{-\frac{(x-\mu)^2}{2\sigma^2}} \qquad (3-9)$$

其中，有平均值 μ 和标准差 σ 两个参数。由于高斯噪声是一种加性噪声，因此可以直接通过对低分辨率图像加上随机的高斯噪声来生成带噪声的图像。

在带有噪声的 BMW、Kia 和 Mercedes-Benz 车标数据上进行了测试，分别比较了使用卷积和残差作为基本模块的 LapSRN 和 WLapSRN 算法。在测试中，采用的高斯噪声均值为 0，方差为 σ。在带高斯噪声测试数据中 ×4 超分辨率结果见表 3-8 所列。本书采用的方法 WLapSRN（即 WLapSRN-res）取得了最高的 PSNR 值。如在 Kia 数据中，相较于 LapSRN 方法，WLapSRN 在高斯噪声方差为 0、10、25 时的 PSNR 结果分别提升了 0.32 dB、0.43 dB、0.54 dB。在特征提取分支中，相较于卷积块，残差块将特征分解为恒等映射与残差，有助于减少随机噪声的影响。可以发现，随着噪声的增加，带残差块的方案重建质量维持得更好。同时，小波变换一方面有助于分离通常是高频成分的噪声与图像信号，从而减少高频噪声对重建结果的影响；另一方面增强了变换信号的稀疏性，更容易过滤掉噪声成分。引入小波变换同样使模型受到噪声的影响更小。最终，残差块和小波变换的同时采用提高了模型对噪声的抵抗能力。高斯噪声下的 ×4 超分辨率视觉对比如图 3-12所示，由图可以看出，WLapSRN 算法重建的结果更加清晰锐利。综上，面对噪声影响时，本章所提出的模型表现出更好的鲁棒性能。

表 3-8　在带高斯噪声测试数据中 ×4 超分辨率结果

数据集	σ	LapSRN	LapSRN-res	WLapSRN-conv	WLapSRN-res
BMW	0	28.97	28.63	28.93	29.16
	10	27.01	27.10	26.95	27.37
	25	25.34	25.67	25.40	25.80

续表

数据集	σ	LapSRN	LapSRN-res	WLapSRN-conv	WLapSRN-res
Kia	0	29.77	29.62	29.83	30.09
	10	27.54	27.78	27.60	27.97
	25	25.75	26.23	25.86	26.29
Mercedes-Benz	0	27.96	27.80	27.97	28.22
	10	26.41	26.57	26.38	26.75
	25	24.98	25.36	25.00	25.44

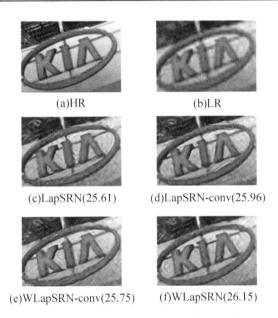

(a)HR   (b)LR

(c)LapSRN(25.61) (d)LapSRN-conv(25.96)

(e)WLapSRN-conv(25.75) (f)WLapSRN(26.15)

图 3-12 高斯噪声下的 ×4 超分辨率视觉对比

运动模糊是由成像传感器与被拍摄物之间相对运动所引起的图像模糊现象。在捕获汽车车标的场景下，出现运动模糊是一种常见情况。在仿真实验中，采用了尺寸为 3×3、5×5、10×10 的模糊运动核，分别沿水平、垂直、45°倾斜的方向进行线性卷积的形式模拟图像的运动模糊效果。

在带有运动模糊的 BMW、Kia 和 Mercedes-Benz 车标数据中，分别采用了 3×3、5×5 和 10×10 尺寸的运动模糊核进行了测试。测试中采用的模糊核分别为水平、垂直和 45°倾斜方向。定量分析结果见表 3-9 至表 3-11 所列。本章采用的方法 WLapSRN（即 WLapSRN-res）在所有模糊核情况与所有种类测试数据中均取得了最高的 SSIM 值。

表 3-9　在 3×3 模糊核的运动模糊测试数据上 ×4 超分辨率结果

方法	角度	LapSRN	LapSRN-res	WLapSRN-conv	WLapSRN-res
BMW	水平	18.67/0.5827	18.62/0.5796	18.66/0.5835	18.65/0.5891
	倾斜	18.94/0.5963	18.92/0.5945	18.95/0.5974	18.96/0.6032
	垂直	18.57/0.5952	18.53/0.5921	18.57/0.5960	18.55/0.6014
Kia	水平	18.60/0.5790	18.54/0.5765	18.60/0.5787	18.56/0.5811
	倾斜	18.90/0.5735	18.87/0.5734	18.91/0.5736	18.87/0.5773
	垂直	18.45/0.5889	18.39/0.5867	18.44/0.5886	18.42/0.5919
Mercedes-Benz	水平	18.64/0.5514	18.60/0.5502	18.64/0.5517	18.61/0.5547
	倾斜	19.01/0.5633	19.00/0.5624	19.01/0.5631	19.01/0.5676
	垂直	18.49/0.5629	18.45/0.5610	18.48/0.5630	18.46/0.5659

表 3-10　在 5×5 模糊核的运动模糊测试数据上 ×4 超分辨率结果

方法	角度	LapSRN	LapSRN-res	WLapSRN-conv	WLapSRN-res
BMW	水平	17.98/0.5380	17.96/0.5373	17.97/0.5387	17.98/0.5454
	倾斜	17.75/0.5273	17.75/0.5299	17.75/0.5277	17.77/0.5356
	垂直	17.87/0.5355	17.85/0.5350	17.87/0.5360	17.87/0.5423
Kia	水平	17.99/0.5370	17.96/0.5356	17.99/0.5366	17.98/0.5397
	倾斜	17.35/0.4956	17.35/0.4971	17.35/0.4952	17.36/0.5000
	垂直	17.74/0.5207	17.72/0.5206	17.74/0.5208	17.74/0.5245
Mercedes-Benz	水平	17.87/0.5038	17.86/0.5037	17.87/0.5039	17.87/0.5074
	倾斜	17.47/0.4840	17.47/0.4862	17.47/0.4843	17.49/0.4891
	垂直	17.75/0.4977	17.73/0.4973	17.74/0.4978	17.75/0.5013

表 3-11　在 10×10 模糊核的运动模糊测试数据上 ×4 超分辨率结果

方法	角度	LapSRN	LapSRN-res	WLapSRN-conv	WLapSRN-res
BMW	水平	17.03/0.5235	17.03/0.5257	17.03/0.5240	17.05/0.5295
	倾斜	16.05/0.4879	16.05/0.4917	16.05/0.4886	16.06/0.4937
	垂直	16.89/0.5167	16.88/0.5175	16.89/0.5171	16.90/0.5219
Kia	水平	17.04/0.5381	17.03/0.5391	17.04/0.5386	17.05/0.5419
	倾斜	15.27/0.4535	15.27/0.4554	15.27/0.4536	15.27/0.4562
	垂直	16.42/0.5063	16.41/0.5054	16.42/0.5064	16.42/0.5087
Mercedes-Benz	水平	16.64/0.4879	16.63/0.4874	16.63/0.4872	16.64/0.4901
	倾斜	15.61/0.4422	15.61/0.4450	15.62/0.4421	15.62/0.4455
	垂直	16.67/0.4794	16.65/0.4784	16.67/0.4793	16.67/0.4819

在表 3-9 中，WLapSRN 算法结果仅在两项情况下达到了最高的 PSNR 值，而 LapSRN 与 WLapSRN-conv 分别有 7 项与 5 项达到了最好的 PSNR。在表 3-10 中，LapSRN 算法结果仍然有 5 项达到了最高的 PSNR 值，而 WLapSRN 已经有 9 项达到了最好的 PSNR。在表 3-11 中，WLapSRN 的每一项 PSNR 和 SSIM 指标均达到了最佳。LapSRN 模型重建的结果在 PSNR 指标上具有优势，WLapSRN 重建的结果在 SSIM 指标上表现最好。通过观察发现，随着运动模糊核尺寸的增加，WLapSRN 算法重建结果在 PSNR 指标上表现也越来越好。在 5×5 模糊核下的水平运动模糊情况下，测试数据视觉结果对比如图 3-13 所示。由图可以发现，经过运动模糊后，所有算法的重建质量都受到很大的影响，但是整体上 WLapSRN 算法重建的结果恢复结构更好。

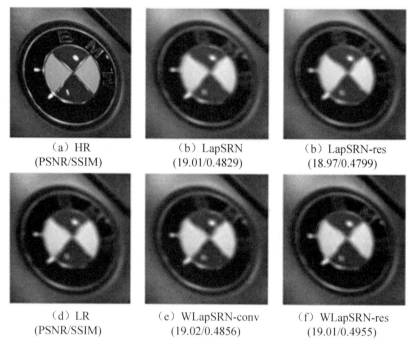

（a）HR   （b）LapSRN   （b）LapSRN-res
(PSNR/SSIM)   (19.01/0.4829)   (18.97/0.4799)

（d）LR   （e）WLapSRN-conv   （f）WLapSRN-res
(PSNR/SSIM)   (19.02/0.4856)   (19.01/0.4955)

图 3-13　在 5×5 模糊核的水平运动模糊情况下，测试数据视觉结果对比

最后，为了测试所提出模型的泛用性，在医学图像上对模型的表现进行了评价。在实验中采用了 ChinaSet 数据集[130]，与第二章中所提出的算法进行了比较。WLapSRN 模型在医学图像上的 PSNR 表现见表 3-12 所列，在 4 倍的医学超分辨率任务中，所提出的渐进式超分辨率模型 WLapSRN 虽然因为金字塔结构占用了更多的参数和浮点运算次数，但也达到了更好的 PSNR 值。

表 3-12　WLapSRN 模型在医学图像上的 PSNR 表现

方法	参数量	浮点运算次数	ChinaSet-Normal	ChinaSet-Abnormal
Bicubic	—	—	29.91	30.94
WFSAN	75K	9.88G	31.12	31.58
WLapSRN	887K	31.04G	31.99	32.49

3.6 本章小结

　　本章在小波域内结合拉普拉斯金字塔框架提出了一种超分辨率重建网络，用于同时预测多个尺度高分辨率图像小波系数。与通常的小波域超分辨率重建方案不同，该网络采用了对应图像的二维离散平稳小波变换系数作为输入和输出。在特征提取方面，在模型中探索了适应小波域的结构，并引入了适用于该域的纹理-鲁棒损失。实验证明，相较于先进的超分辨率重建方法，WLapSRN 模型在超分辨率任务中的客观指标和视觉结果上均表现出整体更高的性能。在常见的 Audi、BMW 以及 Mercedes-Benz 数据上，本章算法在 SSIM 上比其他表现较好的算法分别高出 0.0017、0.0009、0.0029。同时，受益于小波加残差的结构，该模型在面对噪声干扰时取得了最佳的 PSNR 指标结果，在面对运动模糊时取得了更好的 SSIM 指标。本章的方法 WLapSRN 在应对多个放大尺度以及干扰环境时表现出更大的应用潜力。

第四章

基于小波多分辨率变换分析的图像超分辨率重建

第三章提出了基于小波变换和金字塔结构的超分辨率网络，该网络实现了同时重建多个尺度的小波系数。本章将进一步研究小波多分辨率结构，通过挖掘图像多域多分辨率信息来提升超分辨率重建质量，同时，将基于卷积滤波设计的小波变换融入神经网络来解决网络中域变换问题。本章提出了一种易于扩展的基于小波多分辨率变换分析的图像超分辨率重建网络。该网络在多分辨率的结构中，不仅结合了更低子空间和更高子空间的信息，还兼顾了小波域与空间域的信息，从而为超分辨率重建提供了更多的辅助信息。此外，本章在网络中设计了一个自适应融合模块，该模块可以感知从小波域和空间域提取的特征，并学习自适应地融合这两个域的信息。另外，本章提出了一种基于卷积的 Haar 小波模块，该模块可以作为卷积模块支持小波分解和重建变换，并且支持神经网络中的反向传播。在两个公共数据集上进行的大量实验结果表明，本章提出的方法提升了重建结果的客观质量和主观质量。

4.1 引言

经过精心筛选和注释的数据，是开发所有诊断或管理方法的关键基础。然而，由于物理硬件和扫描时间等的限制，医学图像(如 MRI、CT 等)常发生分辨率不足的问题。在这种资源受限的情况下，生成高分辨率医学图像将有助于更好地开发临床应用和基于人工智能的诊断方法。单幅图像超分辨率(SISR)在医学成像领域具有巨大的应用潜力，它能为提高医学图像的分辨率提供有效解决方案。经典的 SISR 方法，如基于插值的算法(双线性插值和双三次插值)，虽然简洁高效，但往往会导致生成的图像模糊或带有伪影。

近年来，基于深度学习的方法在图像超分辨率重建领域逐渐成为提高空间分辨率的主流。自从 Dong 等人[10]提出了超分辨率卷积神经网络(SRCNN)模型以来，卷积神经网络模型的应用范围不断扩大。通过深度残差学习，深度卷积神经网络(VDSR)扩展了网络的深度，从而提高了准确性和视觉效果[42]。然而，该方法仍然需要预先上采样图像作为输入。此外，为了降低计算成本并提高 SRCNN 的速度，Dong 等人[41]提出了一种快速超分辨率卷积神经网络(FSRCNN)，采用反卷积层在网络后端进行上采样。另一种后端上采样方法利用了密集连接卷积网络[147]，通过组合不同层级的特征以提高性能。

超分辨率技术在医学成像领域中也得到了广泛的研究。FSCWRN 算法使用渐进式加宽网络代替加深的网络，并使用固定跳跃连接来将高频局部细节从浅层网络提供给后续网络[148]。Cherukuri 等人[117]则运用低秩结构和清晰度先验，以便更专注于所需的高分辨率医学图像结构。该方法通过一个分析器来结合先验信息，并建立先验引导的网络结构。Lyu 等人[149]在模型中使用了五种常见的超分辨率算法的结合来放大低分辨率图像，从而在空间域中产生具有互补先验处理后的图像。为了提供更丰富的信息，Song

等人[150]设计了 SSSR 网络。该网络结合了低分辨率 PET 图像、高分辨率解剖磁共振(MRI)图像、空间信息,并从辅助卷积神经网络提取高维特征集。另外,FPGANs 在小波域中分别并行处理医学图像的低频分量和高频分量,并设计了一个纹理增强模块,用于在全局拓扑和细节纹理之间进行加权[151]。

在应对这些具有挑战性的底层视觉任务时,一些方法[152-155]专注于整合多尺度技术,而许多其他方法[64,104,136]则关注了利用多分辨率方法的优势。现有的许多方法通常将低分辨率图像视为多分辨率的最低子空间,在渐进重建过程中主要关注较高层级的子空间。而本章所提出的方法采取了不同的视角,将 LR 图像视为小波多分辨率中间子空间之一,允许在更高和更低的子空间上探索信息。因此,该方法不仅考虑了上采样信号信息,还考虑了从 LR 图像中导出的下采样信号信息。

除了对空间域的探索,学者们也开始将注意力转向对其他变换域的研究。Ji 等人[156]引入频域特征作为辅助深度学习的补充信息,提出了一种跨域异构残差学习的超分辨率框架。WTCRR 指出了 LR 图像比低频小波分量携带更详细的信息[124]。因此,该算法中用低分辨率图像代替低频子带作为输入。受上述算法的启发,不同于只关注小波域特征的方法,本章所提出的方法同时捕获了小波域和空间域的特征,并允许它们相互补充。此外,考虑到空间域和小波域之间的差异,本章提出的方法还开发了一个域映射模块来促进空间信息到小波信息的映射。

在小波多分辨率分析中,分解和重构都依赖于对信号滤波。一些研究,如 Wavelet-srnet[63]、pywavelet[157]、pytorch_wavelet[158] 和 MWCNN[159],对小波变换的设计实现做出了贡献。但它们都没有考虑通过神经网络基本模块的方式来设计实现。不同于上述方法,而本章所提出的方法设计了基于一组卷积运算的小波变换模块,以支持小波多分辨率框架中的分解和重构。该变换模块支持反向传播且无须任何训练参数。

4.2 相关研究分析

基于小波的超分辨率重建方法通常利用一个或几个小波域中的子空间。例如，Guo 等人[62]在一个子空间中预测低分辨率图像中缺失的小波系数细节。另外，Huang 等人[63]利用小波包分解生成低分辨率图像的小波系数来预测对应高分辨率图像的子波系数。Deng 等人[160]则采用了平稳小波变换（SWT）来分离低频和高频信息，并通过增强低频子带来提升图像客观质量。Ma 等人[124]研究不同小波子带上表示图像的潜力。用低分辨率图像替换低频子带，并将四个子带和低分辨率图像的组合信息馈送到网络中。SWDR-SR 采用不同的网络处理通过平稳小波变换（SWT）分解获得的低频和高频子带，以恢复低频内容的结构和高频信息的细节[161]。此外，图像的低频结构信息被提供并馈送到高频网络中，用于恢复高频细节。这些方法也都在一个小波子空间中来重建小波系数。Liu 等人[159]探索了利用更低的小波子空间来提升超分辨率重建质量。Zhang 等人[64]则通过利用更高子空间来重建小波系数。与上述只关注更高或更低子空间中小波系数重构的方法不同，本章的工作同时考虑了更低与更高子空间带来的辅助信息进行重构。

上采样在超分辨率任务中扮演着至关重要的角色，并吸引了大量的相关研究。根据它们的实现方式，上采样方法可以大致分为两大类：基于插值和基于学习的上采样[162]。基于插值的上采样主要包括邻近插值、双二次插值以及分形插值等。在深度学习领域，反卷积和亚像素卷积都是最为著名的上采样模块之一[100]。根据上采样方式的位置，现有模型可分为四种框架：前端上采样超分辨率、后端上采样超分辨率、渐进上采样超分辨率和迭代上下采样超分辨率。在渐进上采样方法中，一系列基于拉普拉斯金字塔框架的方法被提出。作为第一个采用拉普拉斯金字塔结构的超分辨率神经网络 LapSRN 由一系列级联的卷积神经网络组成[104]。它主要专注于学习重建图像的残差信息，并利用反卷积层逐步生成高分辨率图像，代替了直接的双三次插值上采样。在 MSLapSRN 中，Lai 等人[136]引入了递归块重新设计了架构以促进参数共享，只需训练一个模型即可同时生成多种上采样尺度的高分辨率图像。Li 等人[163]提出了基于细节的深度拉普拉斯泛锐化网络 DDLPS 来增强高光谱图像的空间分辨率。而 Cao 等人[164]则仅用反卷积层构建了一个完全反卷积的神经网络，并引入了 Kullback-Leibler 散度到损失函数中，以获得更好的重建结果。Anwar 等人[137]提出了稠密残差拉普拉斯模块和拉普拉斯注意力机制，用于更好地利用不同子带中的残差特征。上采样的研究也取得了其他进展，如自适应上采样机制的新方案[165]。结合模型驱动和数据驱动的深度方法，Liu 等人[166]提出了一种以细节先验为指导的后端上采样网络。在本章的工作中，为更好地适应小波域中的任务，采用离散小波逆变换作为上采样模块。此外，还提出了一个与传统小波变换算法等效的卷积模块，以更好地融合小波变换到神经网络框架中。

计算机视觉领域的发展，推动了深度学习的深入研究。各种关键技术，包括增强、重建、分割和检测等，在医学成像应用中得到了广泛探索和应用[167]。通过将线性和对数拼接参数算法结合起来，Oulefki 等人[168]提出了一种促进 CT 图像分割的图像对比度增强算法。利用肺和其他组织的对称性的同时，Zhou[169]提出的方法将 3D 分割分解为三个单独的 2D 问题，以减少模型参数并提高分割精度。为了实现高效的图像分割，Qiu 等人[170]提出了一种名为 MiniSeg 的迷你网络，它融合了多尺度学习模块和注意力层次空间金字塔（AHSP）。Sun 等人[171]提出了一种自适应特征选择引导的深度森林（AFS-DF）方法，引入了一种特征选择策略来减少特征重复。UncertityFuseNet 深度学习特征融合模型使用集成蒙特卡罗丢弃（EMCD）技术来考虑了预测的不确定性[172]，并证明了对噪声的鲁棒性和检测未知数据的高精度。Qiu[50]提出了一种具有通道注意力机制的残差密集注意力框架，以恢复低频信息的损失，同时高度关注高频细节。为了应对口罩遮挡的超分辨率挑战，研究人员将去噪和超分辨率任务相结合，将身份丢失和注意力机制纳入框架[173]。这些代表性工作仅关注了空间领域挑战下的计算机视觉任务。相比之下，本章的研究考虑了空间域和小波域，并将其结合起来以推动医学图像的超分辨率技术。

4.3 现有工作的不足

目前，基于深度学习的渐进超分辨率重建模型，尤其是涉及多分辨率分析的模型，往往忽视了低子空间中包含的信息，未充分探索小波域和空间域特征之间的关联，导致未能充分利用多域多分辨率分析带来的辅助信息。此外，在小波与深度神经网络结合的方案中，大部分工作仅将小波变换用于网络的前处理和后处理。一些研究开始尝试将支持反向传播的小波算法应用于神经网络中，但还没有直接基于神经网络基本模块设计的小波变换模块以嵌入网络中的方法。如何充分利用多域多分辨率信息，并将小波理论融合到深度神经网络中，是一个值得研究的重要问题。

针对以上问题，本书提出了基于小波多分辨率变换分析的图像超分辨率重建网络。该网络能够捕捉多个子空间中蕴含的辅助信息，并关注空间域与小波域特征之间的相互依赖关系，从而提升了重建质量。同时，设计了一种基于卷积滤波的 Haar 小波变换模块，作为基础模块，它能支持小波分解与重构变换，并在精度和运行时间上达到了先进的小波变换水平。此外，本书还设计了一个自适应融合模块，该模块能够感知从小波域和空间域提取的特征，并学习自适应地融合这两个域的信息。大量实验结果表明，本章提出的方法在客观和视觉质量方面优于其他先进方法。

4.4 基于小波多分辨率变换分析的图像超分辨率重建方法

4.4.1 网络结构设计

本书将超分辨率任务视为小波多分辨率分析中的信号重建过程，并据此设计了一个小波多分辨率超分辨率重建网络，该网络能逐分辨率层级地重建图像。WMRSR 整体网络架构如图 4-1 所示。整体框架由几个关键模块组成，即小波多分辨率输入生成模块 f_{MR}、域映射模块 f_{DM}、基于卷积的小波变换模块 f_{De} 和 f_{Re}、小波域特征提取模块 f_W、空间域特征提取模块 f_S，以及自适应融合模块 f_A。

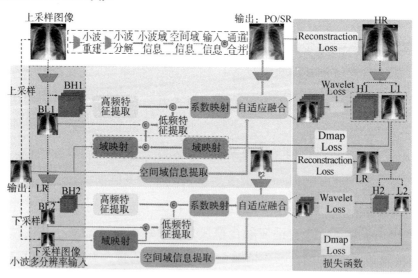

图 4-1 WMRSR 整体网络架构

对于低分辨率图像 I_{LR} 和对应的高分辨率图像 I_{HR}，整个框架预测超分辨率图像 I_{SR} 的过程可以简要描述如下：

$$I_{SR} = f_{Re}(f_A(f_W(I_W), f_{De}(f_S(I_S)))) \tag{4-1}$$

其中，I_W 表示输入的小波域信息；I_S 表示输入的空间域信息。经过 f_{MR} 模块处理，低分辨率图像被转换为一系列小波多分辨率信息。I_S 和 I_W 的计算公式如下：

$$\begin{cases} (coef_{LH}^l, \cdots, coef_{LH}^l) = f_{MR}(I_{LR}) \\ coef_{LH}^i : = (coef_L^i, coef_H^i) \\ I_S : = (I_{LR}^l, \cdots, I_{LR}^l) \\ I_W : = (f_{DM}(I_{LR}^l), \cdots, f_{DM}(I_{LR}^l), coef_{LH}^l, \cdots, coef_{LH}^l) \end{cases} \tag{4-2}$$

其中，第 i 层级的低分辨率图像输入 I_{LR}^i 由初始给定的 I_{LR} 通过式（4-18）生成；$coef_{LH}^i$ 是第 i 层级的小波系数；$coef_L^i$ 是第 i 层级的低频小波系数；$coef_H^i$ 是第 i 层级的高频小波系数；I_S 是空间域输入；I_W 是小波域输入；l 是网络最后的层级。每个 I_S 数据被直接馈送到空间域的分支中，以捕获空间域中的特征。每个层级空间分支中的特征学习由以下方式表达：

$$F_s^i = f_S(I_S^i) \tag{4-3}$$

其中，F_s^i 和 I_s^i 作为空间域中的信息，通过 f_{DM} 被映射到小波域的低频子带。I_W 被馈送到小波域的分支中，用于提取小波域中的特征。小波分支中学习到的特征可由如下方式得到：

$$\begin{cases} F_L^i = f_{WL}(I_{wL}^i) \\ F_H^i = f_{WH}(I_{wH}^i) \\ F_w^i = f_W(I_w^i) = f_{map}(f_C(F_L^i, F_H^i)) \end{cases} \tag{4-4}$$

其中，f_{WL} 与 f_{WH} 表示由标准卷积组成的低频和高频特征提取模块；f_{map} 表示特征映射函数；f_C 表示通道拼接运算。I_{wL} 与 I_{wH} 具体可以由式（4-19）和式（4-20）计算得到。空间域特征 F_s^i 先通过小波分解操作 f_{De} 变换到小波域中。变换后的特征和 F_w^i 都被馈送到自适应融合模块。预测图像由 f_{Re} 重建。上述流程如下：

$$\begin{cases} P_{\text{coef}}^i = f_A(F_w^i, f_{\text{De}}(F_s^i)) \\ I_{\text{SR}}^i = f_{\text{Re}}(P_{\text{coef}}^i) \end{cases} \tag{4-5}$$

其中，P_{coef}^i 表示与预测的高分辨率图像相对应的小波系数；最终得到的最大放大尺度预测结果 I_{SR} 为最后第 l 层级的预测结果 I_{SR}^l。

为了保证将小波域信息输入小波特征提取分支，设计了域映射的损失函数，以将空间域中低分辨率图像变换，使其近似于高分辨率图像分解后获得的低频子带。因此，域映射损失函数可以定义如下：

$$L_{\text{dmap}}^i = \frac{1}{N} \sum_{n=1}^{N} \rho(f_{\text{DM}}(I_{\text{LR}}^{i,n} - HR_{\text{coef}_L}^{i,n}) \tag{4-6}$$

其中，i 代表第 i 个层级；n 代表第 n 个样本。

设计小波损失函数的目的是驱动上采样之前学习到的子带系数更接近于从高分辨率图像分解得到的系数。该损失函数平衡了低频子带和高频子带中不同频段小波系数的重要性。因此，小波损失函数可以定义如下：

$$L_{\text{wavelet}}^i = \frac{1}{N} \sum_{n=1}^{N} \rho(P_{\text{coef}_L}^{i,n} HR_{\text{coef}_L}^{i,n}) + \lambda \frac{1}{N} \sum_{n=1}^{N} \sum_{m=1}^{3} \rho(P_{\text{coef}H}^{i,n,m} - HR_{\text{coef}H}^{i,n,m}) \tag{4-7}$$

其中，$HR_{\text{coef}_L}^{i,n,m}$ 和 $HR_{\text{coef}_H}^{i,n,m}$ 是从对应高分辨率图像小波分解中获得的系数；m 代表第 i 个层级。同时，关于空间域信息的重建损失函数被设计为

$$L_{\text{reconstruct}}^i = \frac{1}{N} \sum_{n=1}^{N} \rho(I_{\text{SR}}^{i,n} - I_{\text{HR}}^{i,n}) \tag{4-8}$$

其中，$\rho(x) = \sqrt{x^2 + \varepsilon^2}$ 是 Charbonnier 损失函数；N 是每个批次中的训练样本数。ε 通常设置为 $1e^{-3}$。最终统一的损失函数定义如下：

$$Loss = \sum_{i=1}^{l} L_{\text{dmap}}^i + \sum_{i=1}^{l} L_{\text{wavelet}}^i + \sum_{i=1}^{l} L_{\text{reconstruct}}^i \tag{4-9}$$

基本上，该框架的目标是从低分辨率图像的子带系数预测高分辨率图像的子带系数。这些预测的子带系数经过组合后，利用小波逆变换模块生成最终的高分辨率图像。模型训练的过程如下，每一次训练时基于总的损失函数进行更新。

算法 4-1　模型参数更新以及训练过程

　输入：$\{(y_n, x_n)\}_{n=1}^{N_{data}}$：用于训练的数据对；

　　　　$N_{epochs} \in \mathcal{N}$：训练迭代的总次数；

　　　　θ：可训练的参数；θ_{init}：初始化的参数；

　　　　S：最大放大尺度因子；

　输出：$\hat{\theta}$：训练后的参数；

1　$\theta = \theta_{init}$；

2　$L = \lceil \log_2(S) \rceil$；

3　**for** $i = 1, 2, \cdots, N_{epochs}$ **do**

4　　**for** $n = 1, 2, \cdots, N_{data}$ **do**

5　　　$\hat{y}_n \Leftarrow Model(y_n, x_n \mid \theta)$；

6　　　$loss(\hat{y}_n, y_n; \theta) = \sum_{l=1}^{L}(\ell_{dmap}^l + \ell_{wavelet}^l + \ell_{reconstruct}^l)$；

7　　　$\theta \Leftarrow \theta - \alpha \cdot \nabla loss(\hat{y}_n, y_n; \theta)$；

8　　**end**

9　**end**

10　return $\hat{\theta} = \theta$；

4.4.2　小波变换模块

　　图 4-2 为 Mallat 金字塔算法的流程，具体理论如 1.3.1 所述。该算法用于信号的多分辨率分析，包括了信号的分解和重构。在每个层级中，分解和重构都依赖于信号滤波。因此，考虑将卷积核作为滤波器，以构建一组小波滤波器，用于信号的分解和重构。针对单通道图像的二维卷积操作定义如下：

$$y[n] = (x * h)[n] = \sum_k x[k]h[n-k] \qquad (4\text{-}10)$$

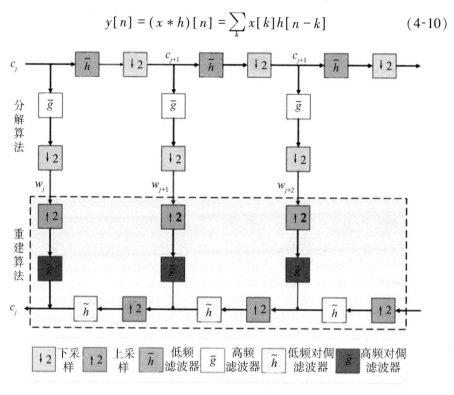

图 4-2　Mallat 金字塔算法流程

输入信号 $x \in R^{H \times W}$ 和滤波器 $h \in R^{KH \times KW}$，输出为 $y \in R^{H+K_H-1 \times H+K_w-1}$。考虑一行的情况，当卷积的步长设置为 2 时，变换如下所示：

$$y[n] = \sum_k x[k]h[2n-k] \qquad (4\text{-}11)$$

然而，在实际神经网络的卷积运算中，不需要对卷积核进行翻转，因此，式(4-11)可以被重写为

$$y[n] = \sum_x x[k]h[k-2n] \qquad (4\text{-}12)$$

当在式(4-12)中的卷积滤波器和小波滤波器相同时，卷积运算等效于小波分解运算。类似地，在列的情况下是等效的。二维离散小波变换可以看作是在行和列中分别执行一维离散小波变换，因此，可以通过一组设计的卷积运算等效地实现二维 Haar 小波的分解过程。二维 Haar 小波的分解过程如下：

$$y[n_1,\ n_2] = \sum_{k_1,k_2} x[k_1,\ k_2]h[2n_1 - k_1,\ 2n_2 - k_2] \tag{4-13}$$

WMRSR 采用基于 Haar 函数的离散小波变换。Haar 小波的母小波（小波函数）为 $\psi(x)$，父小波（缩放函数）为 $\varphi(x)$。则有：

$$\psi(x) = \begin{cases} -1,\ 1/2 \leqslant x < 1 \\ 1,\ 0 \leqslant x < 1/2 \\ 0,\ \text{其他} \end{cases} \tag{4-14}$$

$$\varphi(x) = \begin{cases} 1,\ 0 \leqslant x \leqslant 1 \\ 0,\ \text{其他} \end{cases}$$

利用二维离散小波分解中的 Haar 核，可以计算空间域图像像素值和小波系数之间的关系，公式如下：

$$\begin{cases} a = \dfrac{1}{2}(A + B + C + D) \\[2mm] b = \dfrac{1}{2}(A + B - C - D) \\[2mm] c = \dfrac{1}{2}(A - B + C - D) \\[2mm] d = \dfrac{1}{2}(A - B - C + D) \end{cases} \tag{4-15}$$

Haar 小波分解模块的具体设计过程如图 4-3 所示。

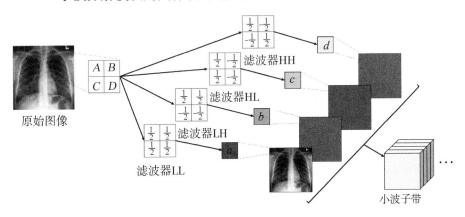

图 4-3　设计的小波分解模块框架

小波重构是小波分解的逆过程。小波重构的变换如式(4-16)所示：

$$\begin{cases} A = \dfrac{1}{2}(a+b+c+d) \\[2mm] B = \dfrac{1}{2}(a+b-c-d) \\[2mm] C = \dfrac{1}{2}(a-b+c-d) \\[2mm] D = \dfrac{1}{2}(a-b-c+d) \end{cases} \tag{4-16}$$

小波分解过程中的核心变换可以通过一组设计的卷积运算实现。小波重构的过程涉及上采样操作，需要基于一组设计的卷积运算与上采样操作共同实现。对于逆变换过程的上采样部分，需要借用亚像素卷积的方式实现。图4-4为设计的小波重构模块框架。第一个亚像素卷积的功能是将四个子带的信息缝合在一起以便进行随后的逆变换操作，而第二个亚像素卷积的作用是将逆变换后各个位置的像素拼接在一起。通过这两个模块的设计，可以实现以神经网络中的基本模块构建出小波变换操作。

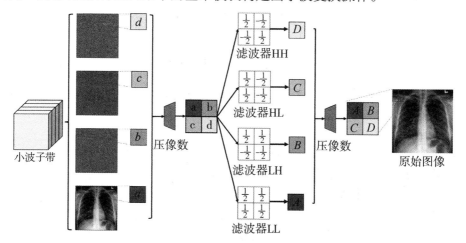

图4-4　设计的小波重构模块框架

4.4.3 小波多分辨率输入

本小节详细介绍了小波多分辨率输入模块，其目的是为网络每个分辨率层级生成适当的小波域和空间域输入数据。该模块的操作被称为 f_{MR}，适用于具有 $l(l \geqslant \log_2 s)$ 层级和 s 尺度因子的超分辨率任务。首先，基于双三次插值以尺度 s 对 LR 图像进行上采样，以获得先验图像 $I_{Bic} = f_{bic}(I_{LR}, \log_2 s)$。然后，将上采样图像的小波系数分解到多个分辨率层级：

$$\begin{cases} coef_{LH}^{i+1} = f_{De}(coef_L^i) \\ (coef_L^i, coef_H^i) = coef_{LH}^i \end{cases} \tag{4-17}$$

其中，$coef_L^0 = I_{Bic}$。在该模块处理之后，输入网络中的信息包括小波域每个分辨率层级的系数 $coef_{LH}^i$。每个层级 i 的空间域输入 I_S 可以描述为

$$I_{LR}^i = \begin{cases} I_{LR}, & l \geqslant \log_2 s \text{ and } i = \log_2 s \\ f_{bic}(I_{LR}, \log_2 s - i), & l \geqslant \log_2 s \text{ and } i \neq \log_2 s \\ I_{LR}, & l = \log_2 s \text{ and } i = l \\ f_{bic}(I_{LR}, \log_2 s - i), & l = \log_2 s \text{ and } i \neq l \end{cases} \tag{4-18}$$

其中，函数 $f_{bic}(I_{LR}, x)$ 表示双三次插值。若 $x > 0$，则使用上采样插值；若 $x < 0$，则使用下采样插值；若 $x = 0$，则保持不变。要插值的放大到倍数为 2^x。在层级 i 处的空间域输入是 $I_S^i = I_{LR}^i$。基于输入的低分辨率图像的输入生成每个层级的小波信息，以提供小波多分辨率信息。每个层级 i 的小波域低频输入 I_{wL} 为

$$I_{wL}^i = \begin{cases} f_C(f_{DM}(I_{LR}), f_{DM}(I_{LR}^i), coef_L^i), & l \geqslant \log_2 s \text{ and } i = \log_2 s \\ f_C(f_{DM}(I_{LR}^i), coef_L^i), & l \geqslant \log_2 s \text{ and } i \neq \log_2 s \\ f_C(f_{DM}(I_{LR}^i), coef_L^i), & l \geqslant \log_2 s \text{ and } i = l \\ f_C(f_{DM}(I_{LR}^i), coef_L^i), & l \geqslant \log_2 s \text{ and } i \neq l \end{cases} \tag{4-19}$$

其中，f_c 表示拼接运算。每个层级 i 的小波域高频输入 I_{wH} 为

$$I_{wH}^i = coef_H^i \qquad (4\text{-}20)$$

在层级 i 处的小波域输入是 $I_W^i = (I_{wL}^i, I_{wH}^i)$。总的来说，第 i 层级的多分辨率输入由当前层级的空间域信息 I_S^i 和小波域信息 I_W^i 构成。

4.4.4 域映射模块

原始 LR 图像包含比 LR 图像的小波域低频子带更丰富的纹理信息[124]。然而，低分辨率图像是空间域信息，其蕴含的信息与小波域中的信息存在差异。例如，从 l 级分解导出的低频子带系数的取值范围在 $[0, 255 \cdot 2^l]$，而低分辨率的空间域图像的取值范围在 $[0, 255]$。因此，域映射的目标是有效地将空间域中的低频信息映射到小波域低频子带。如图 4-5 所示为域映射模块。该模块利用级联的 ConvNeXt 块[174]和残差连接来实现。其中，ConvNeXt 块是一种类似卷积、残差等的基本模块。域映射的过程如下：

$$F_{DM}^i = f_{DM}(I_{LR}^i) = I_{LR}^i + f_{res}(I_{LR}^i) \qquad (4\text{-}21)$$

其中，f_{DM} 是域映射操作；f_{res} 是残差特征提取；I_{LR}^i 是第 i 层级输入的低分辨率空间域图像；F_{DM}^i 是经过域映射后第 i 层级输入的小波域信息。

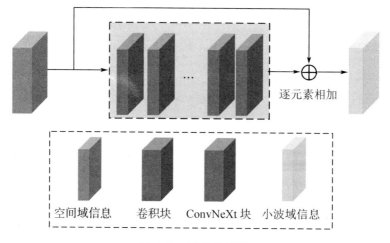

逐元素相加

空间域信息　卷积块　ConvNeXt 块　小波域信息

图 4-5　域映射模块

4.4.5 空间域信息提取

空间域特征提取模块的目标是从低分辨率图像中提取空间域信息。空间域特征提取模块(图4-6)分支的开始和结束处分别设计了渐进通道增加和渐进通道减少高频特征提取模块,相较于全部采用相同通道的级联卷积神经网络更加轻量化。该模块中的基本块的主要组件使用了 ConvNeXt 块[174]。空间域信息提取的过程可以描述如下:

$$\begin{cases} F_{sH}^{i} = f_{up}(f_h(I_S^i)) \\ F_{sL}^{i} = f_{up}(I_S^i) \\ F_s^i = F_{sL}^i + F_{sH}^i \end{cases} \quad (4\text{-}22)$$

其中,F_H 代表高频特征提取;f_{up} 表示上采样操作;I_S^i 是第 i 层级模块输入的空间域信息;F_{sH}^i 是第 i 层级输出的高频空间域信息;F_{sL}^i 是第 i 层级输出的低频空间域信息;F_s^i 是经过空间域信息提取后的输出。

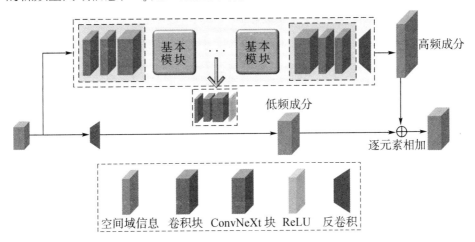

图4-6 空间域特征提取模块

4.4.6 小波域信息提取

小波域特征提取模块的目标是从小波域中低分辨率图像的小波系数中提取特征信息。

小波域特征提取模块如图 4-7 所示。该模块使用了全局连接来让网络学习残差信息。模块先分别提取低频系数与高频系数的特征，将特征合并后再进行整体映射。该模块中基本块的主要组件也使用了 ConvNeXt 块[174]。小波域信息提取的过程可以描述如下：

$$
\begin{cases}
I_{wL}^{i}, \ I_{wH}^{i} = f_s(I_w^i) \\
F_{wL}^{i} = f_{conv}(I_{wL}^i) \\
F_{wH}^{i} = f_{conv}(I_{wH}^i) \\
R_w^i = f_{map}(f_c(F_{wL}^i, \ F_{wH}^i)) \\
F_w^i = I_w^i + R_w^i
\end{cases}
\tag{4-23}
$$

其中，f_{conv} 表示基于卷积的特征提取操作；f_c 表示通道合并操作；f_{map} 表示特征映射操作；I_w^i 是第 i 层级模块输入的小波域信息；I_{wH}^i 是分解得的小波域高频信息；I_{wL}^i 是分解得到的小波域低频信息；F_{wH}^i 与 F_{wL}^i 分别是经过卷积提取的高低频信息的特征；F_w^i 是经过小波域信息提取后的输出。

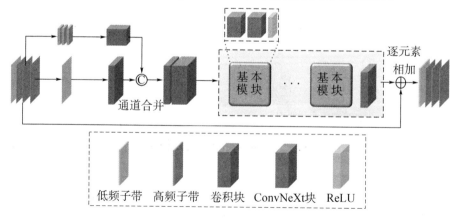

图 4-7 小波域特征提取模块

4.4.7 自适应融合模块

自适应融合模块(图4-8)以自适应方式来执行自空间域和小波域的信息融合。该模块在小波域中自适应地融合特征。为了将在小波域中学习到的特征与从空间域中获取的特征进行融合,首先使用小波变换 $F'_s = f_{De}(F_s)$ 将特征分解到小波域中。接着,将小波域的特征 F_w 和 F'_s 按照式(4-24)进行融合:

$$P_{coef} = f_A(F_w, F_s) = f_{sigmoid}(\lambda)F_w + (1 - f_{sigmoid}(\lambda))F'_s \qquad (4\text{-}24)$$

其中, λ 是通过神经网络学习获得的; $f_{sigmoid}$ 是 Sigmoid 激活函数。最后输出的 I_{SR} 由上述的小波重构模块 f_{Re} 利用预测系数 P_{coef} 进行重构。总的来说,通过可学习的参数 λ ,自适应地融合了网络捕获的双域信息,并最终重建高分辨率图像。

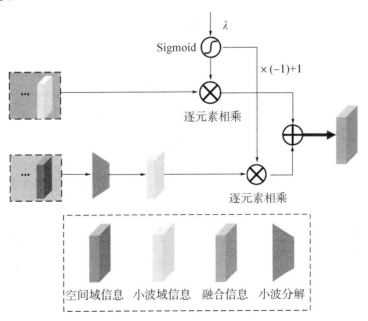

图 4-8　自适应融合模块

4.5 实验分析

4.5.1 实验数据

本章研究使用了两个公共医学图像数据集（COVID-CT 数据集[175] 和 COVID-ChestXray 数据集[176]）来评估所提出方法的性能。COVID-CT 数据集包含来自 216 名 COVID-19 阳性患者的 349 张 CT 图像和 397 张 COVID-19 阴性患者的 CT 图像。COVID-ChestXray 数据集则包含了数百张正面和侧面胸部 X 射线（CXR）和 CT 图像。该数据集目前是最大的公开肺炎图像数据资源。图4-9 和图4-10 分别是 COVID-CT 数据集和 COVID-ChestXray 数据集实例。

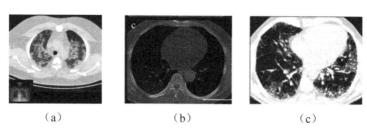

（a） （b） （c）

图 4-9　COVID-CT 数据集实例

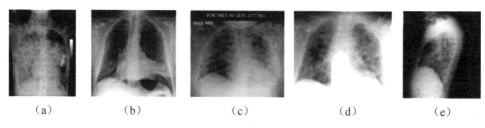

（a） （b） （c） （d） （e）

图 4-10　COVID-ChestXray 数据集实例

在 COVID-ChestXray 数据集中，病毒导致肺炎的医学图像按属或种被分为不同类型，包括 2019 冠状病毒病（COVID-19）、疱疹（herpes）、流感（influenza）、中东呼吸综合征（MERS）、严重急性呼吸综合征（SARS）和水痘（varicella）。由于不同数据图像尺寸差距较大，数据集中的所有图像都在保持长宽比的条件下被调整到最大长度和宽度不超过 512 像素。实验中随机采用了 50% 的数据作为训练集，10% 的数据作为验证集，剩余数据用作测试集。为了增强训练数据，对图像在 [0.5，1.0] 尺度因子上进行缩放，并进行水平和垂直翻转。对于尺度因子为 s 的超分辨率任务，HR 块被裁剪为 48×48，而相应的 LR 块尺寸为 $48/s \times 48/s$。

4.5.2 实现细节

本章实验在服务器上进行，配置与第三章相同，具体配置如下。用于训练和测试的硬件配置采用 GPU 显卡型号为 NVIDIA GeForce RTX 3070Ti，显存为 8 GB；CPU 处理器型号为 Intel(R)Core(TM)i7-10700KF8 核@ 3.80 GHz；RAM 内存为 16 GB DDR4。其中，GPU 配套的环境为 11.3 版本的 NVIDIA CUDA 和 8.2.1 版本的 cuDNN。软件配置中采用 3.7.11 版本的 Python 语言，并使用 1.11.0 版本的 Pytorch 作为深度学习框架。在训练数据预处理阶段先采用了 Matlab2019a 平台对图像数据进行预处理，然后在 Python 上将进行小波相关的数据处理操作。

训练时优化器采用 Adam[177]，参数基于默认设置为 $\beta_1 = 0.9$，$\beta_2 = 0.999$，$\varepsilon = 10^{-8}$ 和 $amsgrad = False$ 来优化网络的可训练参数。训练的学习率最初设置为 1×10^{-3}，然后通过余弦退火方式[178]进行衰减，其中，将最小学习率设置为 1×10^{-5}，并将最大迭代次数设置为 10。模型在训练时，先对网络进行 20 个批次的预训练，再对预训练网络进行 40 个批次的训练，批量大小设置为 128。

4.5.3 实验结果

在本节中，采用了一系列代表性方法进行评估比较，包括 SRCNN[10]、FSRCNN[41]、LapSRN[104]、 MS-LapSRN[136]、 MSWSR[64]、 SwinIR[179]、LTE[180] 和 MHCA[181] 等。表 4-1 和表 4-2 分别为在 ×2 和 ×4 超分辨率任务中，各方法在 COVID 相关数据上的比较结果，在不同类型的肺炎数据集上，本章所提方法取得了与当前最先进方法相媲美的结果。

表4-1　在×2 超分辨率任务中，各方法在 COVID 相关数据上的比较结果(PSNR/SSIM)

方法[年]	数据集		
	COVID-19	CT-COVID	CT-NonCOVID
Bicubic	35.83/0.9149	29.22/0.8591	31.91/0.9018
SRCNN[2016]	37.08/0.9123	32.05/0.8899	34.42/0.8960
FSRCNN[2016]	37.65/0.9273	32.37/0.9007	35.09/0.9266
LapSRN[2017]	38.08/0.9332	32.72/0.9059	35.52/0.9364
MS-LapSRN[2019]	38.28/0.9335	32.98/0.9073	35.90/0.9378
MSWSR[2020]	37.99/0.9325	32.98/0.9063	35.83/0.9374
SwinIR[2021]	38.39/0.9361	33.67/0.9139	36.58/0.9427
LTE[2022]	38.46/0.9341	33.52/0.9116	36.56/0.9383
MHCA[2023]	37.82/0.9329	32.69/0.9048	35.75/0.9362
WMRSR[Ours]	38.77/0.9361	33.82/0.9145	36.78/0.9425

表4-2　在×4 超分辨率任务中，各方法在 COVID 相关数据上的比较结果(PSNR/SSIM)

方法[年]	数据集		
	COVID-19	CT-COVID	CT-NonCOVID
Bicubic	32.04/0.8304	23.95/0.6712	25.91/0.7364

续表

方法[年]	数据集		
	COVID-19	CT-COVID	CT-NonCOVID
SRCNN[2016]	32. 51/0. 8257	26. 12/0. 7211	27. 86/0. 7428
FSRCNN[2016]	32. 93/0. 8335	26. 32/0. 7206	28. 34/0. 7670
LapSRN[2017]	33. 76/0. 8601	27. 32/0. 7653	29. 41/0. 8193
MS-LapSRN[2019]	33. 99/0. 8616	27. 61/0. 7693	29. 73/0. 8230
MSWSR[2020]	33. 26/0. 8606	27. 41/0. 7697	29. 54/0. 8237
SwinIR[2021]	33. 39/0. 8635	27. 65/0. 7779	29. 92/0. 8315
LTE[2022]	34. 12/0. 8630	27. 75/0. 7758	29. 96/0. 8264
MHCA[2023]	33. 08/0. 8500	26. 92/0. 7267	28. 10/0. 7882
WMRSR[Ours]	34. 07/0. 8645	27. 92/0. 7803	30. 05/0. 8311

表 4-3 和表 4-4 分别为在 ×2 和 ×4 超分辨率任务中，各方法在其他数据上的比较结果。在 CT-COVID、influenza、SARS 和 varicella 数据上，本章所提方法在具有最少的参数量 858 K 的情况下，超分辨率图像重建结果优于具有 897K 参数的 SwinIR[179]、具有 1. 71M 参数的 LTE[180] 和具有 4. 31M 参数的 MHCA[181]。此外，本章提出的方法在 Herpes 数据上保持了与竞争方法相当的 SSIM 值，同时在 COVID-19、CT-NonCOVID 和 MERS-CoV 数据上表现出类似的结果。值得一提的是，在所有渐进重建方法即 LapSRN[104]、MS-LapSRN[136] 和 MSWSR[64] 中，本章提出的模型在两个数据集上都获得了最佳的 PSNR 和 SSIM 结果。本章提出的方法和 MSWSR 都是涉及小波多分辨率分析的方案。由于本章提出的模型能够从不同子空间中挖掘更多信息，因此整体上实现了更好的性能。为了更直观地展示重建图像之间的视觉差异，实验中使用热力图来呈现实验结果中的视觉效果。图 4-11 至图 4-14 分别为在 COVID-19、CT-COVID、SARS 和 MERS 数据上 ×4 超分辨率任务视觉结果比较。由图可知，本章提出的算法在恢复胸部信息的同时，不仅减

少了伪影，还增强了医学图像中的义本信息。可以观察到，该算法的整体结构纹理上最接近高分辨率图像。同时，由算法生成的字符"2"（图4-11中）和字符"R"（图4-14中）的像素值和纹理结构也更加接近真实的高分辨率图像。此外，在图4-12和图4-13中，算法生成的图像具有更清晰的边缘和更准确的颜色，这说明算法在像素恢复方面表现更准确。特别是在图4-12中，骨骼和组织的纹理表现更为优秀。

表4-3　在×2 超分辨率任务中，各方法在其他数据上的比较结果（PSNR/SSIM）

方法[年]	数据集				
	herpes	influenza	MERS-CoV	SARS	varicella
Bicubic	36.26/0.9593	40.07/0.9523	36.69/0.9701	40.42/0.9458	41.55/0.9677
SRCNN[2016]	36.87/0.9136	40.64/0.9473	39.11/0.9654	41.14/0.9477	40.60/0.8969
FSRCNN[2016]	37.67/0.9557	41.07/0.9567	40.55/0.9774	41.73/0.9527	42.88/0.9503
LapSRN[2017]	38.26/0.9711	41.39/0.9599	41.40/0.9803	41.91/0.9543	43.63/0.9759
MS-LapSRN[2019]	38.30/0.9717	41.66/0.9601	41.75/0.9808	42.00/0.9543	43.74/0.9762
MSWSR[2020]	38.67/0.9723	41.63/0.9595	41.49/0.9802	41.88/0.9535	42.99/0.9756
SwinIR[2021]	39.03/0.9748	42.06/0.9612	42.47/0.9820	42.27/0.9556	43.51/0.9773
LTE[2022]	38.85/0.9734	41.48/0.9582	42.74/0.9805	41.92/0.9541	43.47/0.9759
MHCA[2023]	37.48/0.9685	41.34/0.9598	40.98/0.9795	41.89/0.9543	43.44/0.9754
WMRSR[Ours]	38.09/0.9724	41.64/0.9613	42.82/0.9819	42.51/0.9557	44.00/0.9772

表4-4　在×4 超分辨率任务中，各方法在其他数据上的比较结果（PSNR/SSIM）

方法[年]	数据集				
	herpes	influenza	MERS-CoV	SARS	varicella
Bicubic	33.03/0.9091	38.83/0.9107	32.05/0.9173	36.82/0.8987	36.88/0.9192
SRCNN[2016]	32.82/0.8581	36.39/0.8994	32.74/0.9144	37.16/0.9027	34.88/0.8341
FSRCNN[2016]	33.81/0.8781	36.89/0.8998	33.27/0.9167	36.94/0.8899	36.99/0.8768
LapSRN[2017]	34.69/0.9276	37.79/0.9223	34.35/0.9388	38.07/0.9145	38.46/0.9366
MS-LapSRN[2019]	34.90/0.9292	37.74/0.9226	34.64/0.9400	38.15/0.9150	38.60/0.9377

续表

方法[年]	数据集				
	herpes	influenza	MERS-CoV	SARS	varicella
MSWSR[2020]	34.90/0.9300	37.59/0.9225	33.76/0.9389	37.81/0.9142	37.80/0.9370
SwinIR[2021]	35.02/0.9325	37.68/0.9245	34.31/0.9423	37.93/0.9159	37.98/0.9391
LTE[2022]	34.90/0.9316	37.66/0.9220	34.93/0.9411	38.13/0.9157	38.63/0.9388
MHCA[2023]	33.42/0.9164	37.35/0.9184	33.60/0.9306	38.63/0.9388	37.68/0.9290
WMRSR[Ours]	34.55/0.9297	37.75/0.9245	34.45/0.9413	38.19/0.9165	38.73/0.9391

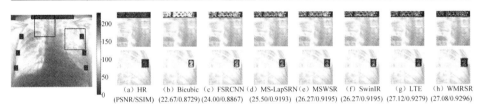

(a) HR (b) Bicubic (c) FSRCNN (d) MS-LapSRN (e) MSWSR (f) SwinIR (g) LTE (h) WMRSR
(PSNR/SSIM) (22.67/0.8729) (24.00/0.8867) (25.50/0.9193) (26.27/0.9195) (26.27/0.9195) (27.12/0.9279) (27.08/0.9296)

图 4-11　在 COVID-19 数据上 ×4 超分辨率任务视觉结果比较

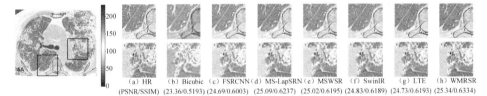

(a) HR (b) Bicubic (c) FSRCNN (d) MS-LapSRN (e) MSWSR (f) SwinIR (g) LTE (h) WMRSR
(PSNR/SSIM) (23.36/0.5193) (24.69/0.6003) (25.09/0.6237) (25.02/0.6195) (24.83/0.6189) (24.73/0.6193) (25.34/0.6334)

图 4-12　在 CT-COVID 数据上 ×4 超分辨率任务视觉结果比较

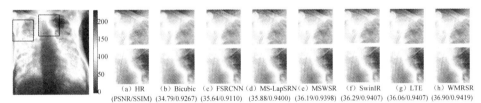

(a) HR (b) Bicubic (c) FSRCNN (d) MS-LapSRN (e) MSWSR (f) SwinIR (g) LTE (h) WMRSR
(PSNR/SSIM) (34.79/0.9267) (35.64/0.9110) (35.88/0.9400) (36.19/0.9398) (36.29/0.9407) (36.06/0.9407) (36.90/0.9419)

图 4-13　在 SARS 数据上 ×4 超分辨率任务视觉结果比较

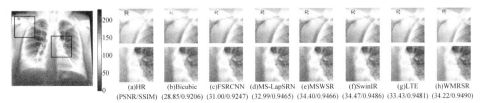

(a)HR (b)Bicubic (c)FSRCNN (d)MS-LapSRN (e)MSWSR (f)SwinIR (g)LTE (h)WMRSR
(PSNR/SSIM) (28.85/0.9206) (31.00/0.9247) (32.99/0.9465) (34.40/0.9466) (34.47/0.9486) (33.43/0.9481) (34.22/0.9490)

图 4-14　在 MERS 数据上 ×4 超分辨率任务视觉结果比较

4.5.4 消融实验

为了研究主要子模块的影响，本节首先对小波多分辨率框架、域映射、空间信息提取和自适应融合进行了实验评估。实验先测试了小波多分辨率框架对超分辨率任务的影响。

表4-5比较了具有和不具有小波多分辨率框架的重建方案在超分辨率任务中的表现。在×2上的实验结果显示，采用小波多分辨率框架在PSNR和SSIM上均能够有效提升重建效果。

同时，对域映射、空间信息提取模块及其组合的影响进行了评估和测量。域映射模块的实现包含残差连接、2个32通道的ConvNeXt块[174]以及用于在残差块开始和结束处进行通道缩放的卷积块几个组件。空间信息提取模块的实现利用了具有32个通道的2个ConvNeXt块和具有64个通道的4个ConvNeXt块。该模块中的块之间使用的激活函数是ReLU。

表4-5 具有/不具有小波多分辨率输入的框架在(PSNR/SSIM)上的比较

方法	数据集				
	COVID-19	CT-COVID	CT-NonCOVID	MERS-CoV	SARS
不具有	38.66/0.9358	33.71/0.9137	36.66/0.9419	42.60/0.9818	42.41/0.9555
具有	38.77/0.9361	33.82/0.9145	36.78/0.9425	42.82/0.9819	42.51/0.9557

为进一步探索域映射的作用，分别比较了LR图像、范围归一化的LR图像、LR图像先经过双三次插值后再由小波变换生成的低频子带、域映射的低频子带与HR图像的低频子带之间的差异(表4-6)。其中，范围归一化是将所有信号归一化为具有相同值范围的区间，以便于PSNR和SSIM度量的计算。结果表明，域映射模块实现了最佳的PSNR值，这表明经过范围归一化的LR图像在细节上确实比LR图像插值后再得到的低频子带更丰富。而且，域映射比其他方法转换出更高质量的小波域信息。在varicella数据上测试结果见表4-7所列，域映射和空间信息提取模块的引入提高了重建性能，且这两个子模块分别独立地对模型进行了增强。

表 4-6　利用不同空间信息的方法在 ×4 超分辨率任务中的 PSNR 比较

	LR 图像	LR 图像 + RN	小波变换	域映射
COVID-19	10.93	47.28	42.92	48.50
CT-COVID	9.32	39.08	33.74	41.24
CT-NonCOVID	10.16	40.83	35.20	43.22
SARS	9.25	51.48	47.64	52.40
MERS-CoV	10.78	48.40	44.37	49.51

表 4-7　探索网络中的不同组成部分在 Varicella 上数据的 ×4 超分辨率任务的贡献

域映射	×	√	×	√
空间域信息	×	×	√	√
PSNR/dB	38.51	38.59	38.67	38.73

然后，本节继续探讨基于卷积的小波变换模块的有效性。比较了几种先进方法，包括 Pywavelet[157]、Pytorch-Wavelet[158] 和 MWCNN[159]，在分解和重构方面的性能以及运行时间(表 4-8)。结果表明，基于卷积的小波变换实现在 GPU 上分解和重构过程中的时间开销最小。在 CPU 上的运行总时间在这些算法中排名第二。此外，本章所提出的方法(−0.02 dB)在重建任务上的客观指标与具有最佳结果的 MWCNN 算法相当。

表 4-8　比较不同实现方式下的小波变换

方法	CPU/s		GPU/s		MSE		PSNR/dB	
	De	Re	De	Re	De	Re	De	Re
Pywavelet	3.986	1.995	—	—	—	$1.53e^{-10}$	—	146.30
Pytorch_ Wavelet	13.963	2.991	0.491	0.417	—	$1.47e^{-10}$	—	146.46
MWCNN	0.742	0.867	0.198	0.680	—	$6.81e^{-11}$	—	149.80
Ours	1.995	2.653	0.185	0.281	—	$6.85e^{-11}$	—	149.78

最后，本节还评估了三种上采样方法，即反卷积、亚像素卷积和小波逆变换在小波域超分辨率任务中的表现。测试网络的骨干结构采用 DWSR 网络的设计，但在网络末端分布采用了上述不同上采样方式来重建信号。Bicubic 方法直接对低分辨率图像生成的小波子带进行双三次插值上采样，然后通过小波逆变换来生成重建图像。对于反卷积、亚像素卷积和小波逆变换的上采样方法，在训练过程中引入小波损失，用以约束上采样为空间域图像前的特征图重建出小波子带系数。

为了克服直接使用亚像素卷积 Subpixel 进行小波子带重建图像的局限性，设计了一种改进的亚像素卷积 Subpixel + 方法，该方法虽然仍使用从低分辨率图像小波分解后获得的小波子带作为网络的输入，但使用空间域的损失而不使用小波损失约束图像重建。图 4-15 至图 4-18 分别为采用 Subpixel、Subpixel + 、deconvolution 和 wavelet 上采样学习到的特征。

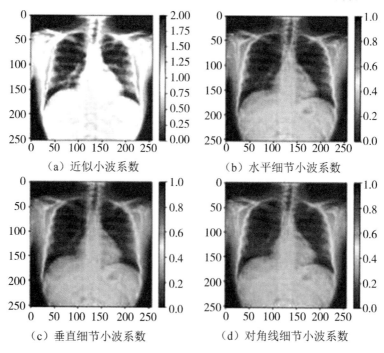

（a）近似小波系数　　　　　　（b）水平细节小波系数

（c）垂直细节小波系数　　　　　（d）对角线细节小波系数

图 4-15　采用 Subpixel 上采样学习到的特征图

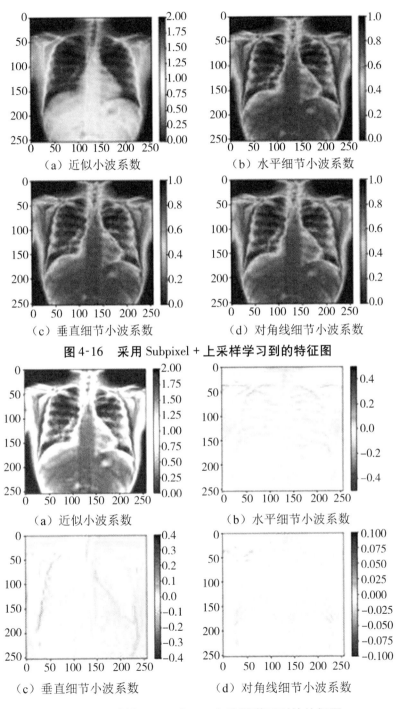

（a）近似小波系数　　　　　　　（b）水平细节小波系数

（c）垂直细节小波系数　　　　　（d）对角线细节小波系数

图 4-16　采用 Subpixel + 上采样学习到的特征图

（a）近似小波系数　　　　　　　（b）水平细节小波系数

（c）垂直细节小波系数　　　　　（d）对角线细节小波系数

图 4-17　采用 deconvolution 上采样学习到的特征图

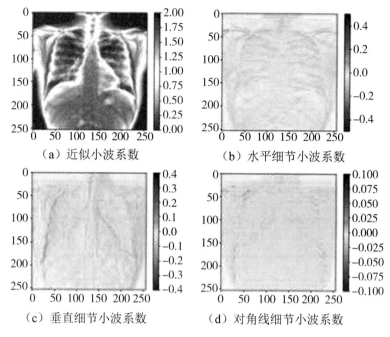

（a）近似小波系数　　　　　（b）水平细节小波系数

（c）垂直细节小波系数　　　（d）对角线细节小波系数

图4-18　采用wavelet上采样学习到的特征图

　　由图可知，小波逆变换的上采样方案在小波域的超分辨率重建中表现最佳。Subpixel无法直接适用于小波子带的重建，而Subpixel+虽然可以适用于小波域中的任务，但其重建质量仍不及反卷积和小波逆变换。由于反卷积层是可学习的，因此其重建质量性能接近小波逆变换。然而，由对不同上采样方法之间在训练过程中的比较（图4-19）可知，反卷积的收敛速度弱于其他小波方法。综上所述，本书设计的小波上采样模块在收敛性和准确性方面具有一定的优势。

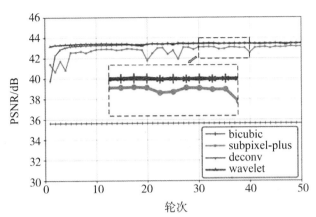

图 4-19　不同上采样方法之间在训练过程中的比较

4.6　本章小结

　　渐进式超分辨率重建模型常常只考虑更高子空间或更低子空间，仅单独关注小波域或空间域信息，且没有考虑以神经网络模块的方式设计小波变换。针对这些不足，本书引入了融合多分辨率和多域信息的小波多分辨率分析框架。该框架在以下几个方面做出了贡献。首先，小波多分辨率超分辨率重建网络考虑了不同分辨率下的信息重构任务。其次，它综合利用来自小波域和空间域的特征，以及低频子带和低分辨率图像的信息。此外，通过将小波变换滤波器视为一组卷积变换，构造了支持反向传播的用于分解和重建的小波模块，与其他先进的小波变换实现相比，在精度上排名第二，与表现最好的算法相比，PSNR 值仅低 0.02 dB。同时，在 GPU 上运行时间也最短，其中分解时间比其他最好的算法少 0.013 秒，重建时间少0.399 秒。总体而言，在广泛的测试中，小波多分辨率框架在公开数据集上整体主客观表现更优。本章设计的模型在提升图像质量辅助疾病诊疗上具有良好前景，并且本章设计的小波变换模块有望促进神经网络模型的设计与解释。

第五章

基于小波金字塔和小波能量熵的图像超分辨率重建

　　在第三章和第四章的工作中都采用了多分辨率结构，在多个尺度超分辨率任务上实现了高质量的重建。但各分辨率层间仅通过级联传递信息，同时模型层级的扩展也带来了参数冗余的问题。本章将通过扩充跨分辨率之间的信息传递方式和共享多分辨率结构参数来增强模型超分辨率重建能力，并且进一步引入小波能量熵损失从信号能量特征的角度约束重建，以提升图像感知质量。提出的网络在小波金字塔的各个层级上提取特征并实现跨层级的传递。它通过在每个金字塔层级内和跨金字塔层级的低频和高频小波系数之间共享参数，提高了模型效率，同时保持了重建性能。此外，设计多分辨率小波金字塔融合方法，将不同分辨率层级内和不同分辨率层级之间的浅层系数特征和上一层小波系数相结合，在重建过程中产生质量更高的结果。除了低频和高频小波损失和空间损失外，所提出的小波能量熵损失进一步考量信号的能量分布以提高重建质量。除此之外，本章还将研究各种学习策略，以了解这些损失成分对模型的影响。在公共数据集上进行的大量实验表明，本章提出的方法在降低参数和浮点运算次数的同时，在定量和定性评估方面都取得了良好的重建性能。

5.1 引言

医学和临床研究广泛依赖于 X 射线、计算机断层扫描(CT)和磁共振成像(MRI)等成像模式,这些成像数据约占医疗保健数据的 90% ,是临床分析和干预的重要依据[167]。与医学图像相关的重要技术包括:增强图像以改进显示或分析,如去噪[182]、超分辨率[50]和模态转换;医学图像分割[169-170],用于临床量化、治疗和手术计划;计算机辅助诊断[171],侧重于将局部病变分为良性或恶性。然而,获取具有足够信噪比的高分辨率医学图像通常需要耗费大量时间,而且容易产生运动伪影。

医学图像超分辨率重建领域已经取得了重大进展。一种具有固定跳跃连接的渐进式宽残差超分辨率网络(FSCWRN)被引入用来替代更深的网络,同时,固定的跳跃连接将浅层网络中的丰富细节传递到深层网络中[148]。采用低秩结构和清晰度先验,一种正则化网络通过集成可解释先验来增强 HR 医学图像结构,以引导网络重建[117]。Kumar 等人[183]在 Tchebichef 变换域中提出了一种基于深度学习的架构,该架构利用图像的高频和低频表示促进超分辨率任务。通过设计的 Tchebichef 卷积层(TCL)将低分辨率图像从空间域转换到正交变换域,而逆 TCL 层(ITCL)则将低分辨率图像从变换域转换回空间域。FP-GANs 通过使用集成对抗性、小波和像素元素的复合损失,将小波域低频和高频医学图像分量一起处理[151]。为了解决医学图像中模糊的物体边界问题,一种通过多尺度引导学习的模糊层次融合注意力神经网络被提出[184]。该网络包括多尺度引导学习密集残差块和金字塔层次注意力模块。越来越多的方法专注于低成本、快速的医学图像增强,笔者将进一步开发轻量级模型,以促进这些模型的实际应用。

一系列基于金字塔结构的超分辨率重建方法已经引起了广泛的关注[136,185-186]。这些研究采用了一种渐进的图像重建方法,在低频或高频信息中,每个阶段的重建主要考虑了上一个阶段的影响。本章所提出的方法将引入跨金字塔层级的跳过连接，以增强跨层级的低频和高频信息集成整合。为了进一步增强对浅层和上阶段小波系数特征的利用，设计了一种多分辨率小波金字塔融合，在相同分辨率内和不同分辨率之间融合这些特征。

自从小波被引入基于神经网络的超分辨率任务以来，大量基于小波的方法受到了广泛关注。在过去的研究中，一些技术将图像从空间域转换到小波域[63,151,159-160]，并分别处理单尺度的超分辨率任务。而一些方法在小波变换中结合了多分辨率等结构以逐步重建图像[187-188]。然而，先前将小波引入深度学习的研究没有关注到小波域中信息的特征，这在传统的基于小波的算法中是被考虑的[189-190]。因此，笔者将小波能量熵引入所提出的网络中，这将从信号能量分布特征的角度对超分辨率任务优化。

5.2 相关研究分析

受金字塔结构启发的方法被广泛应用于低级视觉任务中。Lai 等人[104]提出的方法逐渐生成预测 HR 图像的残差细节。每个层级的输入都是由上一层级中学习到的内容。多尺度拉普拉斯金字塔超分辨率重建网络中，通过金字塔内部和跨金字塔层级的参数共享对体系结构进行了改进[136]。它与多尺度训练相结合，以同时产生不同上采样尺度的 HR 图像。Zhu 等人[185]引入金字塔非局部块，通过将每个像素与所有其他像素连接起来，有效地利用了低层级结构各种尺度之间的依赖关系，并通过与多尺度参考特征的相关性增强了像素级特征，以对抗现有网络中来自小卷积核的有限上下文。Li 等人[153]提出一种单幅图像恢复算法，该算法通过具有多级依赖性的双尺度生成对抗性网络，将基于模型的方法和数据驱动的方法相结合，从而增强网络收敛性。为了恢复模糊图像，Li 等人[191-192]利用模糊图像的拉普拉斯金字塔、高斯金字塔以及透射图构建了多尺度模型，实现了多层次场景辐射恢复的分层除雾和降噪方法。Liu 等人[193]的工作注意到了自相似性，并引入了分层图像超分辨率重建网络来减轻混叠效应。其设计了一种分级探索块，以逐步扩大感受野。此外，多层次空间注意力机制捕获了相邻特征关系，并增强了高频信息。Han 等人[186]的工作引入了金字塔注意力零样本网络，该网络探索了不同尺度的图像补丁分布的隐藏信息。它将学习到的内在属性整合到一个自注意机制中，利用内部和外部注意机制从不同类型的特征图中探索和选择重要特征。这些工作基于金字塔结构提高了低级视觉任务的性能。在这些方法中，下一级的输入来自上一级末尾的输出。这种单一的信息传输方式限制了层级之间的信息流动。因此，除了传输小波金字塔的前层小波系数之外，本章所提出的方法还传输浅层系数特征以利用局部细节，并设计了小波金字塔融合模块来改进信息传输方式。

一些超分辨率重建方法已经在小波域中得到发展，以更好地利用高频信息，一种多级小波卷积神经网络方法被提出，以增强感受野大小和计算效率之间的平衡[159]。其采用修改后的 U-Net 结构，利用小波变换来压缩在缩放子网络中的特征图。Ma 等人[124]用低分辨率图像替代低频子带，使网络处理来自四个子带和低分辨率图像的组合信息来生成高分辨率输出。其损失函数在空间域中设计。为解决多尺度超分辨率问题，Zhang 等[64]引入了一种名为 Swift 网络的方法，通过多级小波系数进行学习。该方法包含一个用于高级低频系数的卷积神经网络和一个用于其他频带的可扩展循环神经网络，采用非方形卷积核以减少参数数量。为了更好地保留重建的超分辨率图像中的边缘细节，Hsu 等人[161]的工作采用了不同的网络来处理从定态小波变换分解中得到的低频和高频子图像。这些低频和高频子图像被分别处理[194]。在重建高频细节时，他们提供了低频结构以进一步恢复和增强高频细节。该过程通过采用联合损失函数来共同估计低频和高频误差。针对高光谱图像超分辨率重建，PF-MAWN 使用并行模态自适应小波网络，通过深度小波-CNN 集成来处理光谱伪影[195]。Hsu 等人[65]还在多尺度背景下使用了小波金字塔，设计了相应的网络结构和联合损失函数。上述方法侧重于将超分辨率问题转化到小波域处理，但缺乏对小波域信号特征的关注。本章方法考虑到小波域内的信号特征，设计了基于小波能量熵的损失函数，提供了一种从能量分布特征角度约束信号重构的方法。

5.3 现有工作的不足

在采用多分辨率框架的超分辨率任务中，算法可以更有效地捕捉到图像中不同分辨率的信息。然而，这些多分辨率框架网络主要考虑不同分辨率间级联的信息，信息交流的路径单一。另外，渐进式超分辨率重建模型每一个重建尺度间都存在大量相似的结构，面临随着重建尺度增加而冗余参数增多的情况。同时，笔者注意到小波域中还未关注信号分布特征信息对超分辨率重建的影响。如何在多分辨率小波金字塔结构中有效传递信息、节省参数量，以及提升小波域中超分辨率感知指标仍然是一个开放性问题。

为了解决小波域超分辨率任务中信息传递单一和未探知信号分布等问题，本章提出了基于小波能量熵约束的小波金字塔递归超分辨率重建网络。该网络考虑跨金字塔各层的浅层系数特征和前一层小波系数，在每个金字塔层级内和跨金字塔层级的低频和高频小波系数之间共享参数，提升模型性能。设计多分辨率小波金字塔融合方法将不同分辨率层级内和不同分辨率层级之间的浅系数层特征和前一层小波系数整合，以产生促进重建结果的信息。除了低频和高频小波损失和空间损失外，所提出的小波能量熵损失进一步提高了重建质量。笔者探讨了各种学习策略，以了解这些损失成分对模型的影响。最终，在公开数据集上一系列实验证明，相较于其他方法，本章中的方法以最少的参数实现了更优越的重建性能。

5.4 基于小波金字塔和小波能量熵的图像超分辨率重建方法

5.4.1 网络结构设计

本章设计了小波金字塔递归神经网络来渐进式重建超分辨率图像。WPRNN 整体网络架构如图 5-1 所示，图中 WL 表示小波低频系数，WH 表示小波高频系数，而 WPF 则是多分辨率小波金字塔融合模块。

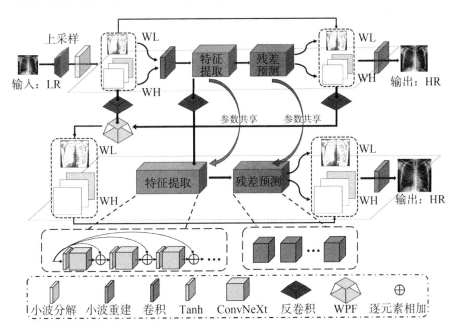

图 5-1　WPRNN 整体网络架构

在初始阶段，空间图像先经过上采样和小波域变换，然后在小波金字塔的单个层级内重建高分辨率图像的小波系数。再利用来自先前分辨率的浅层系数特征和上一层重建的小波系数，生成下一层级的小波系数。最后每一个层级输出的小波系数均可通过小波逆变换来生成当前分辨率层级下的高分辨率图像。值得注意的是，小波金字塔结构在不同分辨率内和同分辨率之间均分别共享参数，在模型扩展过程中避免了参数数量的增加，从而保持了参数使用效率。同时，设计的多分辨率小波金字塔融合模块进一步促进了跨分辨率信息间的传递。

具体而言，在 $i=1$ 层级时，网络仅处理低分辨率图像 I_{lr}。通过小波分解操作 f_{wd}，I_{lr} 被转换成小波高频（HF）系数和低频（LF）系数。LF 和 HF 系数一起输入网络并共享参数进行学习。该过程中，首先在小波域提取浅层系数特征 F_{scoef}^{i}，接着进一步提取深层特征 F_{dcoef}^{i}。随后，重建小波系数的残差 F_{rcoef}^{i}。然后，将 F_{rcoef}^{i} 和 F_{scoef}^{i} 通过相加合并来计算预测的小波系数 F_{pcoef}^{i}。最终，对预测的小波系数 F_{pcoef}^{i} 进行小波逆变换，从而得到了超分辨率图像 I_{sr}^{i}。上述过程可以用式(5-1)表示：

$$\begin{cases} F_{scoef}^{i} = f_{up}(f_{wd}(I_{lr})), \quad F_{dcoef}^{i} = f_{e}(f_{conv}(F_{scoef}^{i})) \\ F_{rcoef}^{i} = f_{rp}(F_{dcoef}^{i}), \quad F_{pcoef}^{i} = F_{rcoef}^{i} + F_{scoef}^{i} \\ I_{sr}^{i} = f_{wr}(F_{pcoef}^{i}) \end{cases} \tag{5-1}$$

其中，f_{up} 代表上采样操作；f_{conv} 表示卷积操作，f_{e} 表示特征提取操作；f_{rp} 是小波残差预测操作；f_{wd} 是小波分解操作；f_{wr} 表示小波重建操作。要重建一个给定上采样因子为 S 的图像，则该框架需要至少包含总共 $L = \lceil \log_2(S) \rceil$ 个层级。在这里，$\lceil \cdot \rceil$ 表示向上取整操作。这意味着系统的层次结构取决于所需的上采样因子。更具体地说，若上采样因子 $S=2$，则系统将需要 $L=1$ 个层级；若 $S=4$，则系统需要 $L=2$ 个层级，以此类推。框架中每个层级都涉及相似的上采样、小波分解、特征处理、残差预测和小波重建等操作。

对于层级 $i+1$（其中 $i=1, 2, 3, \cdots, L$），大部分步骤与先前层级 i 相似。而独特之处，一是在于使用融合的输出替代 F_{pcoef}^{i} 作为下一层级小波系数的浅层系数特征 F_{scoef}^{i+1}，二是从上一层级获取的 F_{idcoef}^{i} 中提取当前层级小波

系数的深层特征 F_{dcoef}^{i+1}，代替仅直接从上一层的浅层小波系数特征 F_{scoef}^{i} 中学习。因此，预测下一层级的超分辨率图像 I_{sr}^{i+1} 可以按式(5-2)进行重建：

$$
\begin{cases}
F_{\text{scoef}}^{i+1} = f_{\text{wpf}}(f_{\text{up}}(F_{\text{scoef}}^{i}), f_{\text{up}}(F_{\text{pcoef}}^{i})) \\
F_{\text{dcoef}}^{i+1} = f_{\text{e}}(f_{\text{up}}(F_{\text{dcoef}}^{i})) \\
F_{\text{rcoef}}^{i+1} = f_{\text{rp}}(F_{\text{dcoef}}^{i+1}) \\
F_{\text{pcoef}}^{i+1} = F_{\text{rcoef}}^{i+1} + F_{\text{scoef}}^{i+1} \\
I_{\text{sr}}^{i+1} = f_{\text{wr}}(F_{\text{pcoef}}^{i+1})
\end{cases}
\tag{5-2}
$$

其中，f_{wpf} 表示多分辨率小波金字塔融合操作。具体地，式(5-2)中的上采样操作 f_{up} 由反卷积块构建而成。

特征提取 f_{e} 使用递归连接以节省参数使用，具体表达如下：

$$
\begin{aligned}
F_{\text{out}}(n) &= f_{\text{e}}(F_{\text{in}}) \\
&= f_{\text{rb}}(F_{\text{out}}(n-1)) + F_{\text{in}} \\
&= f_{\text{rb}}(f_{\text{rb}}(F_{\text{out}}(n-2)) + F_{\text{in}}) + F_{\text{in}} \\
&= f_{\text{rb}}(f_{\text{rb}}(\cdots(f_{\text{rb}}(F_{\text{out}}(0)) + F_{\text{in}})\cdots) + F_{\text{in}}) + F_{\text{in}}
\end{aligned}
\tag{5-3}
$$

其中，F_{in} 表示输入的特征；$F_{\text{out}}(n)$ 表示经过第 n 次递归后的输出，且 $F_{\text{out}}(0) = F_{\text{in}}$；$f_{\text{rb}}$ 是递归块，其激活函数均为 Tanh，并且使用 ConvNeXt 块[174] 作为基础块。此外，该框架在每个小波金字塔层级内和跨越每个小波金字塔层级间共享参数。

5.4.2 多分辨率小波金字塔融合

不同于仅仅依赖从上一层级预测出的小波系数获取信息的方法，本节提出的框架也传递了上一层的浅层系数特征以提供额外有价值的信息，并且设计了多分辨率小波金字塔融合模块来兼顾两种信息对下一层小波系数重建的影响。

该方法采用的多分辨率小波金字塔融合，以利用浅层小波系数特征 x_1

和上一层的重建小波系数 x_2。同分辨率内融合如图 5-2 所示,模块首先学习同分辨率下特征的权重,在小波金字塔的每个层级内分别对两种信息融合。整个融合过程先始于一个同分辨率内融合阶段 $y^i = f_{irf}(x_1, x_2)$,它在金字塔的每个层级内结合小波系数。具体的细节如下:

$$\begin{cases} x_1^i = f_{down}^i(x_1) \\ x_2^i = f_{down}^i(x_2) \\ iw^i = f_{sigmod}(f_{conv}(f_{avg}(x_1^i), f_{max}(x_1^i))) \\ y^i = iw^i \times x_1^i + (1 - iw^i) \times x_2^i \end{cases} \tag{5-4}$$

其中,f_{down}^i 表示层级 i 的下采样操作;iw^i 表示在层级 i 上 x_1 和 x_2 在同分辨率内的权重;y^i 是层级 i 在同分辨率内融合的结果。接下来,再通过跨分辨率融合将一个同分辨率内融合的阶段获得的金字塔型特征合并到一个分辨率下。

跨分辨率融合如图 5-3 所示,该过程通过学习得到跨分辨率权重,在小波金字塔的不同分辨率之间融合了浅层小波特征和上一层重建的小波系数。f_{up} 表示将金字塔的不同层级上采样到相同的分辨率的操作,f_{arw} 表示计算金字塔不同层级权重的操作。该阶段将小波金字塔不同层级之间的小波系数进行融合。操作 f_{arf} 的具体描述如下:

$$\begin{cases} y_{up}^i = f_{up}^i(y^i) \\ aw^i = f_{arw}(y_{up}^i) = \dfrac{e^{fconv(y_{up}^i)}}{\sum_{i=1}^{L} e^{fconv}}, \\ z = \sum_{i=1}^{L} aw^i \times y_{up}^i \end{cases} \tag{5-5}$$

其中,L 是金字塔的最大层级数;f_{up}^i 是第 i 层级的上采样操作;aw^i 是第 i 层级的跨分辨率权重;z 是最终的融合结果。

综上所述,最终的融合结果 z 可以通过以下方式获得:

$$z = f_{arf}(f_{irf}(x_1, x_2)) \tag{5-6}$$

融合结果 z 与下一级的预测残差小波系数相加合并,生成下一层级高分辨率图像的重建小波系数。

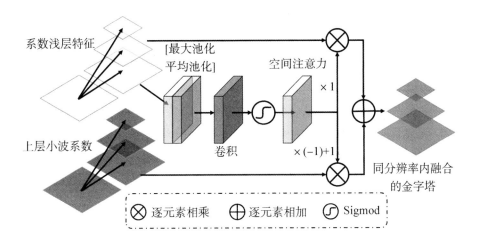

图 5-2　同分辨率内融合

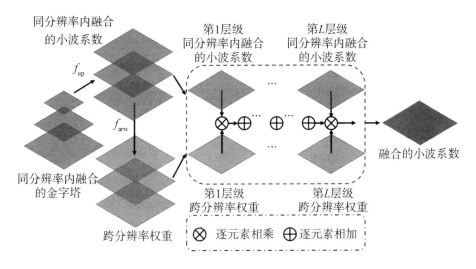

图 5-3　跨分辨率融合

5.4.3　小波能量熵损失函数

在网络学习的过程中，除了从小波高低频信息和空间信息的视角进行分析外，还引入了小波能量熵，从信号的能量分布特性的角度来优化模型。此外，本节还探讨了适合该金字塔结构网络模型的学习策略。对于预测的

超分辨率图像 y、高分辨率图像 $\hat{y}$ 和可训练参数 θ，本章中设计引入几个损失函数。小波损失函数旨在学习模型中的小波域信息。在具体设计中分别考虑了小波域中的低频和高频小波损失。层级 i 的低频小波损失可以定义如下：

$$\ell_{wl}^i(\hat{y}, y; \theta) = \frac{1}{N}\sum_{n=1}^{N}\sqrt{(f_{LL}(y_n^{(i)})) - f_{LL}(\hat{y}_n^{(i)})^2 + \varepsilon^2} \tag{5-7}$$

其中，N 是每个批次中的训练样本总数；f_{LL} 代表提取小波近似系数的操作。ε 如文献[136]中设置为 10^{-3}。同时，层级 i 的高频小波损失函数由以下方式计算：

$$\begin{aligned}\ell_{wh}^i(\hat{y}, y; \theta) = \frac{1}{N}\sum_{n=1}^{N}(&\sqrt{(f_{LH}(y_n^{(i)}) - f_{LH}(\hat{y}_n^{(i)}))^2 + \varepsilon^2}\\ &+ \sqrt{(f_{HL}(y_n^{(i)}) - f_{HL}(\hat{y}_n^{(i)}))^2 + \varepsilon^2}\\ &+ \sqrt{(f_{HH}(y_n^{(i)}) - f_{HH}(\hat{y}_n^{(i)})^2 + \varepsilon^2})\end{aligned} \tag{5-8}$$

其中，f_{LH} 代表提取水平细节系数操作；f_{HL} 代表提取垂直细节系数操作；f_{HH} 代表提取对角线细节系数操作。因此，第 i 层级总的小波损失函数可由以下方式计算：

$$\ell_w^i(\hat{y}, y; \theta) = \ell_{wl}^i(\hat{y}, y; \theta) + \lambda \cdot \ell_{wh}^i(\hat{y}, y; \theta) \tag{5-9}$$

其中，λ 是高频信息的权重。

此外，层级 i 的空间损失函数旨在学习空间域信息，其可由以下方式计算：

$$\ell_{img}^i(\hat{y}, y; \theta) = \frac{1}{N}\sum_{n=1}^{N}\sqrt{(y_n^{(i)} - \hat{y}_n^{(i)})^2 + \varepsilon^2} \tag{5-10}$$

除了以上提到的损失函数，还引入了小波能量熵（WEE）来约束优化目标。考虑某一特定层级 i 的情况，该层级的小波能量 E^i 可以从该层级的小波系数 $C^i(n)$ 中计算得到：

$$E^i = \sum_{n=1}^{N}\sum_{p=1}^{P}|C^i(n, p)|^2 \tag{5-11}$$

其中，P 是每个子带的采样点数。层级 i 的总小波能量计算如下：

$$\begin{aligned}E_{total}^i = \sum_{n=1}^{N}\sum_{p=1}^{P}(&|C_{LL}^i(n, p)|^2 + |C_{LH}^i(n, p)|^2\\ &+ |C_{HL}^i(n, p)|^2 + |C_{HH}^i(n, p)|^2)\end{aligned} \tag{5-12}$$

然后，该层级信号的相对能量 RE^i 可用以下公式计算：

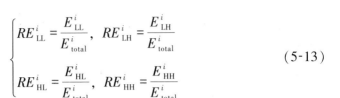
$$\begin{cases} RE^{i}_{\text{LL}} = \dfrac{E^{i}_{\text{LL}}}{E^{i}_{\text{total}}}, \quad RE^{i}_{\text{LH}} = \dfrac{E^{i}_{\text{LH}}}{E^{i}_{\text{total}}} \\[3mm] RE^{i}_{\text{HL}} = \dfrac{E^{i}_{\text{HL}}}{E^{i}_{\text{total}}}, \quad RE^{i}_{\text{HH}} = \dfrac{E^{i}_{\text{HH}}}{E^{i}_{\text{total}}} \end{cases} \tag{5-13}$$

那么，每个层级子带的 WEE 可以定义如下：

$$\begin{cases} e^{i}_{\text{LL}} = RE^{i}_{\text{LL}}\ln(RE^{i}_{\text{LL}}), \quad e^{i}_{\text{LH}} = RE^{i}_{\text{LH}}\ln(RE^{i}_{\text{LH}}) \\[2mm] e^{i}_{\text{HL}} = RE^{i}_{\text{HL}}\ln(RE^{i}_{\text{HL}}), \quad e^{i}_{\text{HH}} = RE^{i}_{\text{HH}}\ln(RE^{i}_{\text{HH}}) \end{cases} \tag{5-14}$$

因此，WEE 损失函数定义如下：

$$\begin{aligned} \ell^{i}_{e}(\hat{y}, \, y; \, \theta) &= \sqrt{\left(e^{i}_{\text{LL}}(y^{(i)}) - (e^{i}_{\text{LL}}\hat{y}^{(i)})\right)^{2} + \varepsilon^{2}} \\ &+ \sqrt{e^{i}_{\text{LH}}(y^{(i)}) - (e^{i}_{\text{LH}}\hat{y}^{(i)})^{2} + \varepsilon^{2}} \\ &+ \sqrt{\left(e^{i}_{\text{HL}}(y^{(i)}) - (e^{i}_{\text{HL}}\hat{y}^{(i)})\right)^{2} + \varepsilon^{2}} \\ &+ \sqrt{\left(e^{i}_{\text{HH}}(y^{(i)}) - (e^{i}_{\text{HH}}\hat{y}^{(i)})\right)^{2} + \varepsilon^{2}} \end{aligned} \tag{5-15}$$

通过该损失函数让生成的超分辨率图像和真实高分辨率图像的能量分布特征尽量保持一致。

此外，通过设计不同损失函数和学习方式的组合，探索各种学习策略对重建效果的影响。正如式(5-1)中所示，组合损失包含了空间损失、小波损失以及小波能量熵损失三种，学习方式涉及逐步更新和同步更新两种。组合损失定义为

$$loss(\hat{y}_{n}, \, y_{n}; \, \theta) = \ell^{l}_{\text{img}} + \ell^{l}_{\text{wl}} + \lambda \cdot \ell^{l}_{\text{wh}} + \mu \cdot \ell^{l}_{e} \tag{5-16}$$

其中，λ 是高频成分；u 是 WEE 损失的权重。

由于金字塔结构每一层级都有对应的损失函数，因此本书还探讨了如何使用这些损失函数来对模型的参数进行更新。一种同步更新策略是直接组合所有层级的三个损失 $loss(\hat{y}_{n}, \, \hat{y}_{n}; \, \theta) = \sum_{l=1}^{[\log_{2}(s)]} (\ell^{l}_{\text{img}} + \ell^{l}_{\text{wh}} + \lambda \cdot \ell^{l}_{\text{wh}} + \mu \cdot \ell^{l}_{e})$。然后一次性同时更新所有层级的参数。另一种逐步更新策略是组合一个层级的三个损失 $loss(\hat{y}_{n}, \, y_{n}; \, \theta) = \ell^{l}_{\text{img}} + \ell^{l}_{\text{wl}} + \lambda \cdot \ell^{l}_{\text{wh}} + \mu \cdot \ell^{l}_{e}$。先更新第一层级的组合损失，再更新第二层级的组合损失，以此类推，逐级更新参数。

算法5-1 用空间损失、小波损失和小波能量熵损失来训练模型，不同层级的损失都会同时更新或逐步更新

	输入：$\{(y_n, x_n)\}_{n=1}^{N_{data}}$：用于训练的数据对，
	$N_{epochs} \in \mathcal{N}$：训练迭代的总次数；
	θ：可训练的参数；θ_{init}：初始化的参数；
	$\alpha \in (0, \infty)$：高频学习率；
	λ：高频成分的权重；
	μ：WEE 损失函数的权重；
	S：最放大尺度因子；
	输出：$\hat{\theta}$：训练后的参数；

1　$\theta = \theta_{init}$；

2　$L = \lceil \log_2(S) \rceil$；

3　**for** $i = 1, 2, \cdots, N_{epochs}$ **do**

4　　**for** $n = 1, 2, \cdots, N_{data}$ **do**

5　　　$\hat{y}_n \Leftarrow \mathrm{Model}(y_n, x_n \mid \theta)$；

6　　　$\ell_w^l h = \lambda \cdot \ell_{wh}^l$，$\ell_e^l = \mu \cdot \ell_e^l$；

7　　　**if** progressive training **then**

8　　　　**for** $l = 1, 2, \ldots, L$ **do**

9　　　　　$loss(\hat{y}_n, y_n; \theta) = \ell_{img}^l + \ell_{wl}^l + \ell_{wh}^l + \ell_e^l$；

10　　　　$\theta \Leftarrow \theta - \alpha \cdot \nabla loss(\hat{y}_n, y_n; \theta)$；

11　　　**end**

12　　　**else**

13　　　　$loss(\hat{y}_n, y_n; \theta) = \sum_{l=1}^{L}(\ell_{img}^l + \ell_{wl}^l + \ell_{wh}^l + \ell_e^l)$；

14　　　　$\theta \Leftarrow \theta - \alpha \cdot \nabla loss(\hat{y}_n, y_n; \theta)$；

15　　　**end**

16　　**end**

17　**end**

18　**return** $\hat{\theta} = \theta$；

5.5 实验分析

5.5.1 实验数据

在这项研究中，笔者采用了公开的医学影像数据集，主要包括了 COVID- ChestXray 数据集[176]，以评估提出方法与其他先进方法的性能。COVID-ChestXray 数据集涵盖了前后视图的医学影像集合。

在该数据集中，由细菌引起的肺炎分别包含了沙眼衣原体（*Chlamydia trachomatis*）、大肠杆菌（*Escherichia coli*，*E. coli*）、克雷伯菌（*Klebsiella*）、军团菌（*Legionella*）、支原体（*Mycoplasma*）、诺卡菌（*Nocardia*）、葡萄球菌（*Staphylococcus*）以及链球菌（*Streptococcus*）等类型。图 5-4 为细菌感染肺炎数据实例，其中，图(a)是沙眼衣原体感染，图(b)是大肠杆菌感染，图(c)是克雷伯菌感染，图(d)是军团菌感染，图(e)是支原体感染，图(f)是诺卡菌感染，图(g)是葡萄球菌感染，图(h)是链球菌感染。由真菌感染引起的类型包括曲霉菌（*Aspergillosis*）和肺囊虫（*Pneumocystis*）。此外，图 5-5 为真菌感染肺炎数据实例，其中，图(a)是曲霉菌感染，图(b)是肺囊虫感染。

数据集中的所有图像都被调整为最大尺寸为 512 像素，以避免图像尺寸多样性带来差异。调整过程中保持其原始宽高比。实验随机选取数据的 50% 作为训练集，10% 作为验证集。为了增强训练数据，采用了以尺度 [0.5，0.7，1.0] 随机缩放图像，旋转(90°、180°、270°)和水平垂直翻转的方法。高分辨率块被裁剪为 48×48，用于尺度为 s 的超分辨率任务。此外，引入了三个公开的医学影像数据集作为测试集，以验证性能。其中，文献[196] 中的工作包括 100 个正常切片和 100 个出血切片的头部 CT 数据集；文献[197] 的数据集包含了 7 张 COVID X 射线图像和 16 张 COVID CT 患者的快照；文献[198] 的工作包括（iraq-oncology teaching hospital/national ccenterfor cancer diseases，IQ-OTH/NCCD）肺癌数据集，其中，有 200 个测试数据被用于实验。图 5-6 为这三个公开医学数据集的实例，其中，图（a）是头部出血 CT，图（b）是头部正常 CT，图（c）是新冠 CT 快照数据，图（d）是新冠 X 射线数据，图（f）是肺癌 CT 扫描数据。

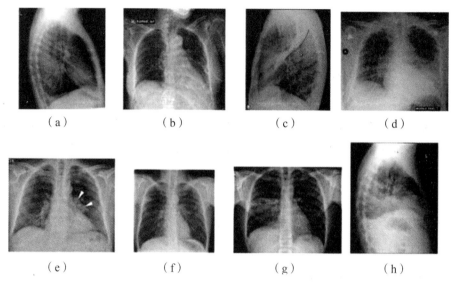

（a）　　　　　（b）　　　　　（c）　　　　　（d）

（e）　　　　　（f）　　　　　（g）　　　　　（h）

图 5-4　细菌感染肺炎数据实例

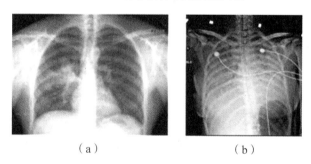

（a）　　　　　　　　　（b）

图 5-5　真菌感染肺炎数据实例

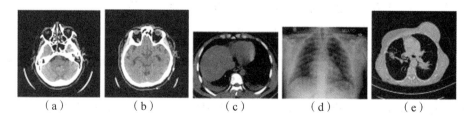

（a）　　　（b）　　　（c）　　　（d）　　　（e）

图 5-6　三个公开医学数据集实例

5.5.2 实现细节

本章实验在服务器上进行，配置与第四章相似，具体配置如下。用于训练和测试的硬件配置采用 GPU 显卡型号为 NVIDIA GeForce RTX 3070Ti，显存为 8 GB；CPU 处理器型号为 Intel(R)Core(TM)i7-10700KF8 核@3.80 GHz；RAM 内存为 16 GB DDR4。其中，GPU 对应的环境为 11.3 版本的 NVIDIA CUDA 和 8.2.1 版本的 cuDNN。软件配置中使用 3.7.11 版本的 Python 语言，并采用 1.11.0 版本的 Pytorch 作为深度学习框架。在数据预处理阶段使用 Matlab 语言，并基于 Matlab2023a 平台。实验数据的预处理基于 Matlab 平台完成，而模型的训练和测试则基于 Python 实现。实验选择了 Adam[177] 优化网络的可训练参数，其中参数基于默认设置为 $\beta_1 = 0.9$、$\beta_2 = 0.999$，$\varepsilon = 10^{-8}$。训练的学习率最初设置为 1×10^{-3}，然后通过余弦退火[178] 逐渐减小，将最小学习率设置为 1×10^{-8}，最大迭代次数设置为 20。神经网络在批量大小为 128 的情况下共训练了 400 个周期。

5.5.3 实验结果

在这一节中，对几种代表性的先进方法与提出的方法进行评估比较，包括 MIRNetv2[199]、SROOE[200] 和 MHCA[181]。所有算法都按照它们的公开设置进行实现，并在相同的设备上进行测试。

为了评估超分辨率重建结果的性能，采用了三个客观图像质量评估指标：峰值信噪比(PSNR)、结构相似性(SSIM)[201] 和学习感知图像块相似性(LPIPS)[202]。其中，PSNR 和 SSIM 是经典的图像质量评估指标，数值越高表示图像质量越好。而 LPIPS 是一种基于学习的感知图像补丁相似性指标，用于评估图像的感知质量，数值越低表示图像质量越好。

LPIPS 指标灵感源自人眼对图像的感知，通过学习神经网络模型来近似人类感知的视觉相似性。该模型利用卷积神经网络 CNN 提取图像局部块的特征，并计算块之间的相似性得分。具体而言，LPIPS 的计算先使用预训练的网络模型提取原始图像和重建图像第 l 层的特征表示 F_{HR}^l，$F_{SR}^l \in \mathbb{R}^{H_l \times W_l \times C_l}$，并通过向量 $\omega l \in \mathbb{R}^{H_l \times W_l \times C_l}$ 对每个通道进行缩放，最后通过 L_2 距离计算图像之间的相似性得分。相似性得分反映图像在感知上的差异，数值越小表示图像之间的感知差异越小。LPIPS 指标的定义如下：

$$\text{LPIPS} = \sum_l \frac{1}{H_l W_l} \sum_{h;w} \| \omega_l \bigcirc \left(F_{HR}^l(h,w) - F_{SR}^l(h,w) \right) \|_2^2 \qquad (5\text{-}17)$$

其中，H_l 和 W_l 分别是第 l 层特征的长度和宽度。LPIPS 的得分范围通常在 0 到 1 之间，数值越小表示图像的感知质量越高。与传统的图像质量评估指标如 PSNR 和 SSIM 相比，LPIPS 更注重人眼感知因素，能更好地捕捉图像之间的感知差异。它广泛应用于图像生成等任务，尤其适用于需要考虑感知质量的场景。

表 5-1 和表 5-2 分别为不同方法在 ×2 和 ×4 超分辨任务上的平均参数、FLOPs、PSNR、SSIM 和 LPIPS 比较结果，观察结果显示出本章所提出的方法在由不同细菌和真菌引起的肺炎数据上取得了与最先进方法相媲美的成绩。同时可以观察到，除了沙眼衣原体(*Chlamydophila*)数据外，本章的模型在 PSNR 和 SSIM 上表现最佳。此外，LPIPS 分数最接近次佳结果。由表 5-2 中数据可知，本章的方法在 PSNR 和 SSIM 方面均优于所有其他方法。与专注于优化 LPIPS 的 SROOE 相比，本章的方法保持了竞争力的 LPIPS 的同时拥有更优的 PSNR 和 SSIM 指标。与 MHCA 相比，本章的模型在三个指标上整体更优。提出的模型在 ×4 重建任务上的性能优于 ×2 重建任务，这归功于递归结构通过重用参数来捕捉更多信息。总体而言，本章的算法可以保持高的 PSNR、SSIM 和竞争力的 LPIPS 值。在视觉效果比较中，热力图被用来进一步展示重建的视觉差异。图 5-7 至图 5-9 分别为在 Escherichia colt、Pneumocystis、Klebsiella 数据上 ×4 超分辨率结果视觉质量比较。

表 5-1 不同方法在 ×2 超分辨率任务上的
平均参数、FLOPs、PSNR、SSIM 和 LPIPS 比较结果

	方法	Bicubic	MIRNetv2	SROOE	MHCA	Ours
	参数	—	5.86M	50.19M	4.31M	216K
	FLOPs	—	82.86G	120.12G	309.94G	2.97G
Bacterial	Streptococcus	36.97/0.9269/0.1572	35.00/0.9079/0.2617	36.63/0.8860/0.0362	38.11/0.9363/0.1070	38.64/0.9383/0.1229
	Klebsiella	40.16/0.9782/0.0497	36.68/0.9662/0.0932	41.85/0.9782/0.0267	41.80/0.9844/0.0240	42.72/0.9852/0.0271
	E. Coli	29.85/0.7897/0.2482	29.18/0.7202/0.3620	29.86/0.7150/0.0593	31.55/0.8243/0.1706	31.72/0.8296/0.1904
	Nocardia	43.48/0.9809/0.0376	37.45/0.9527/0.1225	41.28/0.9601/0.0303	41.76/0.9767/0.0365	42.23/0.9783/0.0434
	Mycoplasma	38.62/0.9680/0.0655	39.28/0.9645/0.0608	42.93/0.9784/0.0287	45.42/0.9866/0.0183	45.64/0.9871/0.0217
	Legionella	35.46/0.9411/0.1336	34.79/0.9255/0.2124	37.16/0.9073/0.0525	37.26/0.9524/0.0863	37.36/0.9544/0.1001
	Chlamydophila	36.65/0.9085/0.1923	35.72/0.8921/0.2791	34.84/0.8481/0.0396	37.90/0.9201/0.1325	37.78/0.9215/0.1507
	Staphylococcus	35.82/0.9125/0.1768	34.75/0.9025/0.2258	34.61/0.8673/0.0427	36.93/0.9279/0.1154	37.31/0.9322/0.1281
Fungal	Pneumocystis	37.43/0.9317/0.1377	35.25/0.9116/0.2067	36.99/0.8966/0.0444	38.99/0.9446/0.0878	39.37/0.9473/0.0982
	Aspergillosis	35.62/0.9608/0.0907	34.90/0.9529/0.1253	36.56/0.9610/0.0216	36.23/0.9687/0.0516	36.45/0.9720/0.0515

表 5-2 不同方法在 ×4 超分辨率任务上的
平均参数、FLOPs、PSNR、SSIM 和 LPIPS 比较结果

	方法	Bicubic	MIRNetv2	SROOE	MHCA	Ours
	参数	—	5.86M	50.19M	4.31M	216K
	FLOPs	—	20.72G	30.06G	77.17G	742.42M
Bacterial	Streptococcus	34.03/0.8784/0.3573	31.91/0.8658/0.3543	33.50/0.8519/0.0925	34.97/0.8882/0.2711	35.64/0.8972/0.2624
	Klebsiella	35.46/0.9300/0.2120	33.61/0.9026/0.1974	35.20/0.9095/0.1172	36.39/0.9404/0.1233	38.22/0.9525/0.1126
	E.Coli	26.51/0.6616/0.4854	26.50/0.6567/0.5075	26.86/0.6032/0.1142	27.18/0.6867/0.3872	27.93/0.7034/0.3930
	Nocardia	37.48/0.9305/0.1869	35.07/0.8873/0.1705	36.18/0.9053/0.1364	37.61/0.9381/0.1002	39.61/0.9511/0.1018
	Mycoplasma	33.85/0.9110/0.2257	33.04/0.9025/0.2218	35.06/0.8862/0.1088	35.60/0.9256/0.1383	36.89/0.9372/0.1331
	Legionella	32.31/0.8783/0.3406	31.64/0.8768/0.3295	31.71/0.8418/0.1251	32.62/0.8919/0.2441	32.77/0.9027/0.2362
	Chlamydophila	33.98/0.8486/0.3817	32.05/0.7910/0.4012	33.06/0.7976/0.0966	34.83/0.8590/0.3003	35.00/0.8692/0.3091
	Staphylococcus	32.34/0.8283/0.3978	31.70/0.8126/0.3491	31.57/0.7956/0.1391	32.94/0.8466/0.2819	33.75/0.8670/0.2704
Fungal	Pneumocystis	33.40/0.8582/0.3444	31.87/0.8409/0.3295	32.93/0.8151/0.1248	34.29/0.8746/0.2364	35.18/0.8904/0.2294
	Aspergillosis	33.17/0.9050/0.3081	31.94/0.9030/0.2561	33.46/0.8932/0.0837	33.59/0.9183/0.1836	34.03/0.9334/0.1518

重建的结果表明本章的模型生成更少伪影的内容。由图 5-9 可知，提出方法的视觉结果比其他方法恢复了更多的细节和更清晰的边缘，在医学图像和文本信息上同时保持最佳结构。

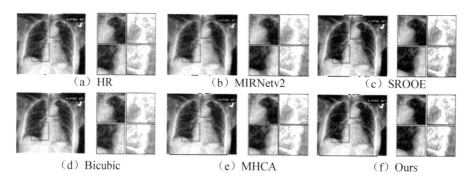

（a）HR　　　　　　　（b）MIRNetv2　　　　　　（c）SROOE

（d）Bicubic　　　　　　（e）MHCA　　　　　　（f）Ours

图 5-7　在 Escherichia coli 数据上 ×4 超分结果视觉质量比较

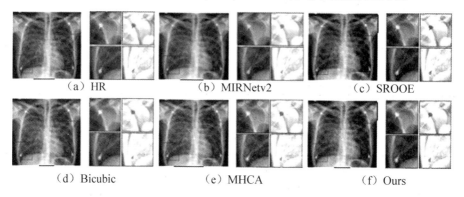

（a）HR　　　　　　　（b）MIRNetv2　　　　　　（c）SROOE

（d）Bicubic　　　　　　（e）MHCA　　　　　　（f）Ours

图 5-8　在 Pneumocystis 数据上 ×4 超分结果视觉质量比较

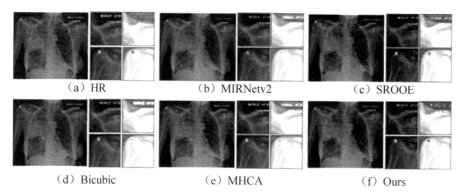

（a）HR　　　　　　　（b）MIRNetv2　　　　　　（c）SROOE

（d）Bicubic　　　　　　（e）MHCA　　　　　　（f）Ours

图 5-9　在 Klebsiella 数据上 ×4 超分结果视觉质量比较

　　此外，在没有进行额外训练的情况下，在新数据上测试了所有方法（表 5-3）。由表 5-3 中数据可知，本章的算法能够保持较高的 SSIM 值、有竞争力的 PSNR 和 LPIPS 值。其中，最佳和次佳结果分别用粗体和下划线标记。

对于 Head CT 和 Lung Cancer 数据集，SROOE 在 LPIPS 指标上表现最佳。此外，MHCA 在 Head CT 和 COVID 数据集上的指标更好。同时，本章的方法在 SSIM 上的性能更好，在所有数据集上的 LPIPS 分数只有在 COVID CT Snapshot 上未进入前两名。如图 5-10、图 5-11 和图 5-12 所示，与提供更丰富纹理的 MHCA 和 SROOE 相比，本章方法生成的图像有更加平滑的外观。然而，MHCA 生成的条纹状纹理在一定程度上破坏了图像的内容结构。SROOE 生成的详细纹理提高了图像的视觉质量，但可以观察到其中一些丰富的详细纹理与高分辨率图像的真实纹理不符。

表 5-3　各方法在其他测试数据的 ×4 超分辨率任务上的
平均 PSNR、SSIM 和 LPIPS 结果

方法	数据集				
	Head CT Hemorrhage	Head CT Normal	COVID CT Snapshot	COVID X-rays	Lung Cancer
Bicubic	29.10/0.8398/0.1698	28.42/0.8179/0.1740	22.73/0.5223/0.3618	33.77/0.9071/0.2662	23.37/0.5671/0.4138
MIRNetv2	27.62/0.8126/0.1855	26.24/0.7701/0.1840	23.42/0.5312/0.3475	32.26/0.8998/0.2574	24.35/0.5209/0.3642
SROOE	30.22/0.7833/0.1742	30.00/0.7781/0.1648	23.02/0.5405/**0.1040**	33.74/0.8892/**0.1045**	**26.06**/0.6074/**0.1033**
MHCA	**32.11**/0.8796/**0.1239**	**31.68**/0.8657/0.1200	**23.89**/0.5733/0.2631	34.85/0.9201/0.1748	25.15/0.6112/0.3138
Ours	31.30/**0.8805**/0.1399	30.46/0.8642/0.1287	23.88/**0.5846**/0.2733	**35.16**/**0.9300**/0.1622	25.97/**0.6308**/0.2989

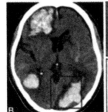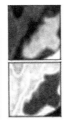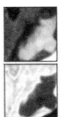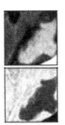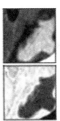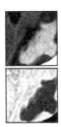

Ground I ruth　（a）HR　（b）Bicudic（c）MIRNetv2（d）SROOE（e）MHCA（f）本章方法

图 5-10　在 Head CT Hemorrhage 数据×4 超分辨率任务上视觉结果比较

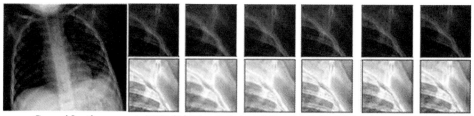

Ground I ruth　　　（a）HR（b）Bicudic（c）MIRNetv2（d）SROOE（e）MHCA（f）本章方法

图 5-11　在 COVID X-rays 数据×4 超分任务上视觉结果比较

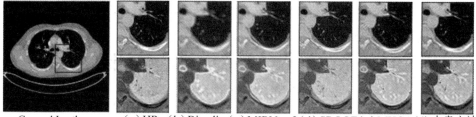

Ground I ruth　　　（a）HR　（b）Bicudic（c）MIRNetv2（d）SROOE（e）MHCA（f）本章方法

图 5-12　在 Lung Cancer 数据×4 超分任务上视觉结果比较

5.5.4　消融实验

在整体评估模型表现的基础上，笔者进行了一系列消融研究，重点关注在小波金字塔模型中引入浅层系数特征信息对超分重建的影响。首先，笔者测试了在没有引入浅层特征信息的情况下，采用常见的级联传递信息模式进行重建的实验，并观察模型的表现。然后，分别测试三种不同使用浅层特征信息的方案：相加、卷积融合以及多分辨率小波金字塔融合。其中，"相加"代表直接将浅层特征信息与上一级重建出的小波系数在对应通道上相加来融合信息，"卷积融合"代表将浅层系数特征信息与上一级重建出的小波系数通道组合后经由卷积实现融合信息。表 5-4 为比较不同方法对重建图像的影响，发现采用相加的方案反而导致了图像重建质量受到干扰。而通过具有可学习的融合方法引入浅层系数特征对图像重建质量起到提升作用。此外，所提出的模块充分考虑了在不同分辨率层级和同分辨率层级上浅层系数特征与先前层级的重建系数的有效组合，因此在更少的参数情况下，相较于卷积融合，实现了更优的重建结果。笔者而言，笔者的研究揭示了引入浅层系数特征信息对模型重建效果的影响，并进一步证实了选择合适的信息融合方案对于提高重建质量具有关键作用。

表5-4　比较不同方法对重建图像的影响(PSNR/SSIM)

方法	参数	数据集	
		Pneumocystis	Staphylococcus
None	0	35.08/0.8888	33.69/0.8653
Addition	0	35.08/0.8888	33.70/0.8649
Convolution	292	35.14/0.8903	33.66/0.8665
WPF	155	35.17/0.8901	33.75/0.8668

针对提出的多分辨率小波金字塔融合模块，笔者进一步探讨选择不同的层级如何影响模型重建。当层级数选择为1时，即不采用多分辨率金字塔融合图像，而仅在单一分辨率上进行图像处理。表5-5为比较不同层级下小波多分辨率融合模块的平均PSNR和SSIM结果，相较于不采用多分辨率的情况，采用2、3和4层设计的模块在PSNR与SSIM指标结果上表现得更好。从采用2层开始，随着层数的增加并没有带来显著的PSNR与SSIM指标增加。考虑到有效减少参数量和相应的计算负担，模型中最终选用了2层的设计。

表5-5　比较不同层级下小波多分辨率融合模块的平均PSNR／SSIM结果

层级	参数	数据集	
		Pneumocystis	Staphylococcus
1	18	35.05/0.8893	33.04/0.8645
2	155	35.17/0.8901	33.75/0.8668
3	559	35.19/0.8900	33.73/0.8674
4	1095	35.23/0.8895	33.70/0.8657

此外，有研究测试了小波能量熵损失对于模型超分重建任务的影响。

考虑了三种不同的损失函数，包括空间损失、小波损失、小波能量熵损失，以及它们的组合形式，以便观察它们对模型学习结果的影响。由在 E. Coli 数据上测试结果(表5-6)可知，单独引入小波损失或小波能量熵损失均有助于提升图像重建的整体质量。小波损失对 PSNR 指标的提升效果较为显著，而小波能量熵损失则更为有效地提高了 LPIPS 指标。这些结果表明，在损失函数中引入小波域信息，尤其是在小波损失和小波能量熵损失共同作用的情况下，可以有效改善模型表现。

表5-6　不同组合学习策略的平均 PSNR、SSIM 和 LPIPS 结果

组合策略	损失函数					
	Spatial	Wavelet	WEE	PSNR	SSIM	LPIPS
ℓ_s	√	×	×	27.74	0.7024	0.3872
$\ell_s + \ell_e$	√	×	√	27.78	0.7040	0.3538
$\ell_s + \ell_w$	√	√	×	27.88	0.7035	0.3627
$\ell_s + \ell_w + \ell_e$	√	√	√	27.91	0.7037	0.3560

针对小波能量熵损失的具体影响，笔者进行了一系列实验。所有实验都基于相同的预训练模型。WEE 对 PSNR、SSIM 和 LPIPS 指标的影响，如图5-13 所示，图中 Entropy/Others $= 10^n$ 表示 Entropy(小波能量熵损失)的值是 Others(空间和小波损失)值的 n 个数量级。如图5-13(a)所示，相较于只使用 Entropy 作为损失函数，引入 Others 有助于保持 PSNR 稳定。在 Entropy/Others $= 0.1$、Entropy/Others $= 1$ 以及 Entropy/Others $= 10$ 的情况下，在训练迭代增加时 PSNR 值保持稳定，且随着 Others 比例的增加，整体 PSNR 表现得更好。当 Entropy/Others $= 100$ 时，在训练迭代时首先出现了类似 Entropy 的下降情况，然后随着迭代增加逐渐恢复 PSNR 指标并达到稳定。如图5-13(b)所示，相较于只使用 Entropy 作为损失函数，Others 有助于保持 SSIM 稳定。在 Entropy/Others $= 0.1$ 与 Entropy/Others $= 1$ 的情况下，在训练迭代增加时 SSIM 值保持稳定，且随着 Others 比例的增加，整体 SSIM 表现得更好。而 Entropy/Others $= 10$ 和 Entropy/Others $= 100$ 时，则与只用

Entropy 作为损失函数的情况迭代时 SSIM 变化趋势一致，都先提升再下降。不过在这三种情况下，仍然是 Others 比例越高，整体 SSIM 表现越好。如图 5-13（c）所示，相较于只使用 Entropy 作为损失函数，Others 也有助保持 LPIPS 稳定。在 Entropy/Others =0.1 与 Entropy/Others =1 的情况下，在训练迭代增加时 LPIPS 值保持稳定，且随着 Entropy 比例的增加，整体 LPIPS 表现得更好。而 Entropy/Others = 10 和 Entropy/Others = 100 时，则与只用 Entropy 作为损失函数的情况迭代时 LPIPS 变化趋势一致，都在不断提升 LPIPS 指标。总体而言，小波能量熵损失有助于在 LPIPS 方面提高模型性能，从而改善感知质量。空间损失和小波损失在提高 PSNR 和 SSIM 方面起到积极作用，确保了失真质量的维持。

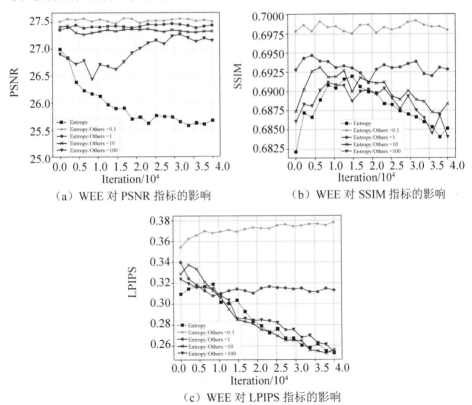

（a）WEE 对 PSNR 指标的影响　　　　（b）WEE 对 SSIM 指标的影响

（c）WEE 对 LPIPS 指标的影响

图 5-13　WEE 对 PSNR、SSIM 和 LPIPS 指标的影响

此外，笔者深入研究了小波能量熵中低频和高频信息的影响。图 5-14

显示了当 Entropy/Others = 1 时，WEE 中低频和高频部分对 PSNR、SSIM 和 LPIPS 指标的影响。其中，Entropy：$l = 1$，$h = 1$ 表示损失为 Entropy/Others = 1 的情况，而 Entropy：$l = 10$，$h = 10$ 表示损失为 Entropy/Others = 10 的情况。图 5-15 显示了当 Entropy/Others = 10 时，WEE 中低频和高频部分对 PSNR、SSIM 和 LPIPS 指标的影响。其中，Entropy：$l = 10$，$h = 10$ 表示损失为 Entropy/Others = 10 的情况，而 Entropy：$l = 100$，$h = 100$ 表示损失为 Entropy/Others = 100 的情况。由图 5-14 和图 5-15 可知，增加对低频信息熵赋权保持了相似的 PSNR 和 SSIM 值，LPIPS 稍有提升。提高对高频信息熵赋权显著提高了 LPIPS，但以降低 PSNR 和 SSIM 指标为代价。

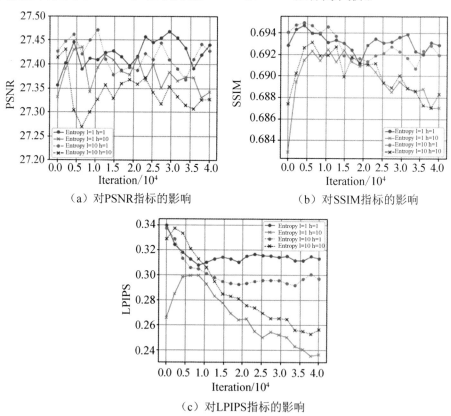

（a）对PSNR指标的影响　　　　　　（b）对SSIM指标的影响

（c）对LPIPS指标的影响

图 5-14　当 Entropy/Others = 1 时，WEE 中 LF 和 HF 部分
对 PSNR、SSIM 和 LPIPS 指标的影响

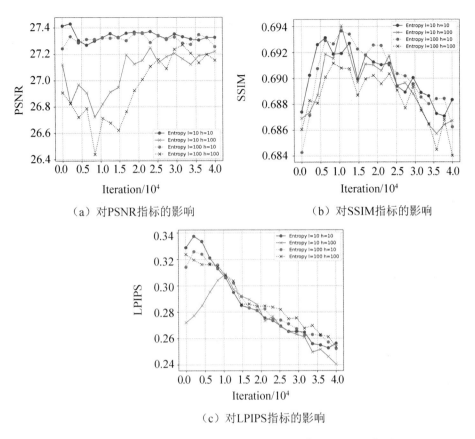

（a）对PSNR指标的影响　　　　　　（b）对SSIM指标的影响

（c）对LPIPS指标的影响

图 5-15　当 Entropy/Others = 10 时，WEE 中 LF 和 HF 部分

对 PSNR、SSIM 和 LPIPS 指标的影响

在对损失函数选择策略进行研究的基础上，笔者进一步探讨了不同训练策略对模型超分辨率重建质量和性能的影响。具体比较了逐级渐进学习和同时学习所有层级两种训练策略。逐级渐进学习和同时学习所有层级两种策略对最终结果的影响相对较小。由于这两种策略在 SSIM 方面的表现相似，表 5-7 中仅提供了 PSNR 和 LPIPS 的相关数据。渐进学习方法在金字塔的低分辨率×2 图像的恢复上略有改善，但每个周期需要消耗更长的训练时间，因此，本章所提出的方法采用了所有层级同时学习的策略。

表 5-7　比较同时更新和逐步更新的平均时间、PSNR 和 LPIPS 结果

方法	时间	放大尺度	数据集	
			Aspergillosis	Chlamydophila
同时更新	328 s	2 ×	36.45/0.0515	37.78/0.1507
		4 ×	33.98/0.1291	34.89/0.2777
逐步更新	346 s	2 ×	36.46/0.0513	37.78/0.1503
		4 ×	33.98/0.1292	34.88/0.2778

5.6　本章小结

通常的多分辨率结构中,信息通过级联的方式单一传递,且在小波系数预测中未考虑信号分布相关特征。本章提出了一种小波金字塔递归神经网络,旨在应对具有上述挑战的医学图像超分辨率任务。该网络通过在小波金字塔的层级之间引入连接,实现了跨分辨率信息的传递和融合。在特征提取模块内部和不同分辨率层级之间,高频和低频系数共享处理参数,从而促进了小波域金字塔的分辨率之间和跨分辨率之间的信息复用,最终减少了模型的参数数量。此外,设计了一种多分辨率小波金字塔融合策略,以助于融合浅层系数特征和先前重建系数,促进不同分辨率域的信息提取和利用。最后,引入了小波能量熵损失函数,提高了网络的感知重建性能,拓展了为基于小波的深度学习方法设计损失函数的新思路。在 Bacterial 数据集中,本模型的 PSNR 值比其他最好算法高出 2.0 dB,SSIM 值高出 0.0204;在 Fungal 数据集中,本模型的 PSNR 值比其他最好算法高出 0.89 dB,SSIM 值高出 0.0158。通过在公共数据集上进行的大量实验,证明了所提出模型的有效性。这项工作有望推进医学超分辨率任务,提高用于诊断的图像质量。

第六章

总结与展望

研究总结

　　当前，大多数研究集中在基于深度神经网络的空间域方法上解决图像超分辨率重建问题，而对变换域的解决方案关注相对较少。本书旨在利用小波理论来增强深度神经网络模型的设计，以实现更准确、更轻量的图像超分辨率重建。本书主要从网络架构设计、模块设计和损失函数设计等方面提出了具体解决方案，为小波理论在深度神经网络中的应用提供了多种思路。本书的主要工作包括以下几个方面。

　　（1）本书提出了一种基于小波频率分离注意的图像超分辨率重建方法。该方法首先通过平稳小波分解将图像变换到小波域中，对小波子带进行分离，并设计了两个分支来分别处理低频子带和高频子带。其次，基于线性变换设计扩展特征的模块，以更少的参数获取特征。最后，重建的小波系数通过平稳小波逆变换来生成高分辨率图像。大量实验结果显示，该方法在使用更少参数的同时，生成了整体质量更优的结果。

　　（2）本书提出了一种基于深度小波拉普拉斯金字塔的图像超分辨率重建

方法。该方法采用了拉普拉斯金字塔网络架构逐步重建多个尺度的小波系数。在网络中，使用残差块来提取小波域中的特征，并使用纹理－鲁棒损失函数来监督低频和高频子带的重建。最终，通过平稳小波逆变换，从映射的系数生成预测的高分辨率图像。在数据集进行评估表明，所提出的方法在重建结果上优于先进的基于拉普拉斯金字塔的算法。

（3）本书提出了基于小波多分辨率变换的图像超分辨率重建方法。该方法探索多分辨率和多域中的特征。首先，生成小波多分辨率输入作为网络的输入。其次，在每个层级上分别提取小波域和空间域中的特征，并使用自适应融合方法将其结合。最后，使用所设计基于卷积的小波变换模块，重建出高分辨率图像。公共数据集上的实验表明，该方法在重建图像质量上整体优于其他最先进的方法。

（4）本书提出了基于小波金字塔和小波能量熵的超分辨率重建方法。该方法传递前一级的小波系数和额外的浅层系数特征，以捕捉更多信息。设计了一个多分辨率小波金字塔融合模块，在多分辨率层级内和层级间促进信息传递。此外，提出了一种小波能量熵损失函数，从信号能量分布的角度约束小波系数的重建。在公开数据集上的实验表明，相较于其他先进方法，提出的网络以最少的参数实现了有竞争力的重建性能。

6.2 研究展望

尽管本书在研究小波域中的图像超分辨率重建网络在重建质量与模型轻量化方面取得了一定进展，但在将小波理论适用于基于神经网络的底层视觉任务时，仍有许多工作值得进一步探索。主要包括如下几个方面。

首先，从小波理论方面，深入研究其他小波族中的小波，探索它们在图像超分辨率重建中的潜力。通过分析不同小波族的性质和特点，可以更

好地适应不同类型的图像和应用场景。此外，还需要探索结合曲波、脊波、轮廓波等更复杂的多尺度变换，以促进底层视觉任务的发展。尽管复小波变换具有一定的挑战性，但它在处理一些复杂图像场景和信号时可能具有优势，笔者也将探索如何有效地将其应用于图像超分辨率任务中。

其次，本书计划进一步探索统计方法在小波域中的应用。通过使用统计方法分析高分辨率图像和低分辨率图像在小波域中的数值信息，可以改进归一化方法，提高重建质量并减少重建中的伪影。此外，将致力于改进细节子带系数的生成方法。当前的方法主要依赖于从低分辨率图像中提取的信息，笔者将探索更有效的生成技术，以提高重建效果并减少信息丢失。本书为基于神经网络基本模块设计 Haar 小波变换提供了指导。在此基础上，笔者将继续探索不同小波变换模块的设计，包括平稳小波变换等额外的小波变换，并考虑利用各种小波基函数，如 Symlet、Coiflet 等，以提高重建性能和适应不同的图像特征。

在神经网络方面，笔者将研究引入神经网络裁剪、蒸馏学习等技术，以解决模型扩展成本增加的挑战，并提高模型的可扩展性和内存效率。除此之外，还将探讨网络设计对实际运行时间的影响，以提高设计模型的实用性。笔者将进一步研究如何在小波域的渐进重建任务中，通过使用较少层级的低尺度放大任务来实现更好的重建结果。

最后，除了常见的采用平均绝对误差、均方误差作为损失函数，笔者将探索从信号分布、熵等角度出发，以更准确地衡量两个信号之间的相似性，并指导重建过程。在考虑信号质量的基础上，笔者还将从提升视觉效果和增强后续人工智能任务等角度改进模型，以提高其在实际应用中的性能表现和适用性。

总而言之，本书在小波域超分辨率重建网络研究上取得了重要进展，但在模型的可解释性、物理支撑、实际应用等方面仍有许多值得探索之处。未来，需要进一步深化对小波理论、熵等经典理论的理解，结合蓬勃发展的人工智能技术，提出更具前瞻性和实用性的解决方案。

参考文献

［1］张芳,赵东旭,肖志涛,等.单幅图像超分辨率重建技术研究进展［J］.自动化学报,2022,48(11):2634-2654.

［2］王龙光.图像超分辨率重建技术研究［D］.长沙:国防科技大学,2022.

［3］柳兴国.基于压缩感知的红外图像超分辨率重建［D］.成都:电子科技大学,2020.

［4］HARRIS J L. Diffraction and resolving power［J］. JOSA,1964,54(7):931-936.

［5］GOODMAN J W. Introduction to fourier optics［M］. Colorado:Roberts and Company publishers,2005.

［6］TSAIR Y,HUANG T S. Multiframe image restoration and registration［J］. Multiframe image restora- tion and registration,1984,1:317-339.

［7］NGUYEN N,MILANFAR P. A wavelet-based interpolation-restoration method for superresolution (wavelet superresolution)［J］. Circuits,Systems and Signal Processing, 2000,19:321-338.

［8］CHAVEZ-ROMAN H,PONOMARYOV V. Super resolution image generation using wavelet domain interpolation with edge extraction via a sparse representation［J］. IEEE Geoscience and remote sensing Letters,2014,11(10):1777-1781.

［9］于明聪.基于小波域的图像超分辨率重建算法研究［D］.哈尔滨:东北林业大学,2021.

［10］DONG C,LOY C C,HE K,et al. Image super－resolution using deep convolutional networks［J］. IEEE transactions on pattern analysis and machine intelligence,2016, 38(2):295-307.

［11］高蕊.基于低秩约束的单幅图像超分辨率重建方法研究［D］.徐州:中国矿业大学,2023.

[12]HOU H,ANDREWS H. Cubic splines for image interpolation and digital filtering[J]. IEEE Transactions on acoustics, speech, and signal processing, 1978, 26 (6): 508-517.

[13]DODGSON N A. Quadratic interpolation for image resampling[J]. IEEE transactions on image processing,1997,6(9): 1322-1326.

[14]LEHMANN T M,GONNER C,SPITZER K. Survey: Interpolation methods in medical image process ing[J]. IEEE transactions on medical imaging,1999,18(11): 1049-1075.

[15]LIX,ORCHARD M T. New edge-directed interpolation[J]. IEEE transactions on image processing,2001,10(10): 1521-1527.

[16]ZHANG L,WU X. An edge-guided image interpolation algorithm via directional filtering and data fusion[J]. IEEE transactions on Image Processing,2006,15(8): 2226-2238.

[17]PRASHANTH H,SHASHIDHARAH,MURTHY KB. Image scaling comparison using universal image quality index[C].2009 international conference on advances in computing,control,and telecommu nication technologies,2009: 859-863.

[18]GRIBBON K T,BAILEY D G. A novel approach to real-time bilinear interpolation [C]. Proceedings. DELTA 2004. Second IEEE international workshop on electronic design,test and applications, 2004: 126-131.

[19]KEYS R. Cubic convolution interpolation for digital image processing[J]. IEEE transactions on acoustics,speech,and signal processing,1981,29(6): 1153-1160.

[20]CAREY W K,CHUANG D B,HEMAMI S S. Regularity-preserving image interpolation [J]. IEEE transactions on image processing,1999,8(9): 1293-1297.

[21]ZHU Y, SCHWARTZ S C, ORCHARD M T. Wavelet domain image interpolation via statistical estimation[C]. Proceedings 2001 International Conference on Image Processing (Cat. No. 01CH37205),2001: 840-843.

[22]ZHANG Y,FAN Q,BAO F,et al. Single-image super − resolution based on rational fractal interpolation[J]. IEEE Transactions on Image Processing,2018,27(8): 3782-

3797.

［23］FATTAL R. Image upsampling via imposed edge statistics［C］. ACM SIGGRAPH 2007 papers，2007：95-es.

［24］DAI S，HAN M，XU W，et al. Soft edge smoothness prior for alpha channel super resolution［C］. 2007 IEEE Conference on Computer Vision and Pattern Recognition，2007：1-8.

［25］SUN J，XU Z，SHUM H Y. Image super－resolution using gradient profile prior［C］. 2008 IEEE conference on computer vision and pattern recognition，2008：1-8.

［26］TAI Y W，LIU S，BROWN M S，et al. Super resolution using edge prior and single image detail synthesis［C］. 2010 IEEE computer society conference on computer vision and pattern recognition，2010：2400-2407.

［27］PROTTER M，ELAD M，TAKEDA H，et al. Generalizing the nonlocal-means to super－resolution reconstruction［J］. IEEE Transactions on image processing，2008，18（1）：36-51.

［28］ZHANG K，GAO X，TAO D，et al. Single image super－resolution with non-local means and steering kernel regression［J］. IEEE Transactions on Image Processing，2012，21（11）：4544-4556.

［29］DONG W，ZHANG L，SHI G，et al. Image deblurring and super－resolution by adaptive sparse domain selection and adaptive regularization［J］. IEEE Transactions on image processing，2011，20（7）：1838-1857.

［30］PELEG T，ELAD M. A statistical prediction model based on sparse representations for single image super－resolution［J］. IEEE transactions on image processing，2014，23（6）：2569-2582.

［31］WANG L，XIANG S，MENG G，et al. Edge-directed single-image super－resolution via adaptive gradient magnitude self-interpolation［J］. IEEE Transactions on Circuits and Systems for Video Technology，2013，23（8）：1289-1299.

［32］REN J，LIU J，GUO Z. Context-aware sparse decomposition for image denoising and

super-resolution［J］. IEEE Transactions on Image Processing, 2012, 22（4）: 1456-1469.

［33］李锋. 面向复杂场景的图像视频超分辨率重建建技术研究［D］. 北京:北京交通大学,2022.

［34］FREEDMAN G,FATTAL R. Image and video upscaling from local self-examples［J］. ACM Transactions on Graphics（TOG）,2011,30(2): 1-11.

［35］YANG J,LIN Z,COHEN S. Fast image super－resolution based on in-place example regression［C］. Proceedings of the IEEE conference on computer vision and pattern recognition,2013:1059-1066.

［36］CUI Z,CHANG H,SHAN S,et al. Deep network cascade for image super－resolution［C］. Computer Vision-ECCV 2014: 13th European Conference,Zurich,Switzerland, September 6-12,2014,Proceedings,Part V 13,2014: 49-64.

［37］HUANG J B,SINGH A,AHUJA N. Single image super－resolution from transformed self- exemplars［C］. Proceedings of the IEEE conference on computer vision and pattern recognition, 2015: 5197-5206.

［38］CHANG H,YEUNG D Y,XIONG Y. Super-resolution through neighbor embedding ［C］. Proceedings of the 2004 IEEE Computer Society Conference on Computer Vision and Pattern Recognition, 2004. CVPR 2004,2004: I-I.

［39］YANG S,WANG Z,ZHANG L,et al. Dual-geometric neighbor embedding for image super resolution with sparse tensor［J］. IEEE transactions on image processing,2014, 23(7): 2793-2803.

［40］YANG J,WRIGHT J,HUANG T S,et al. Image super－resolution via sparse representation［J］. IEEE transactions on image processing,2010,19(11): 2861-2873.

［41］DONG C,LOY C C,TANG X. Accelerating the super－resolution convolutional neural network［C］. Computer Vision-ECCV 2016: 14th European Conference,Amsterdam, The Netherlands,October 11-14,2016,Proceedings,Part Ⅱ 14,2016: 391-407.

［42］KIM J,LEE J K,LEE K M. Accurate image super－resolution using very deep convolutional networks［C］. Proceedings of the IEEE conference on computer vision and pattern recognition,2016：1646-1654.

［43］LEDIG C,THEIS L,HUSZáR F,et al. Photo-realistic single image super－resolution using a generative adversarial network［C］. Proceedings of the IEEE conference on computer vision and pattern recognition,2017：4681-4690.

［44］WANG X,YU K,WU S,et al. ESRGAN：Enhanced super－resolution generative adversarial net works［C］. Proceedings of the European conference on computer vision （ECCV）workshops,2018：0－0.

［45］LUGMAYR A,DANELLJAN M,VAN GOOL L,et al. SRFlow：Learning the super-resolution space with normalizing flow［C］. Computer Vision-ECCV 2020：16th European Conference,Glasgow,UK,August 23-28,2020,Proceedings,Part V 16,2020：715-732.

［46］王一帆. 基于深度集成学习的图像超分辨率算法研究［D］. 大连:大连理工大学,2020.

［47］LI H,YANG Y,CHANG M,et al. SRDiff：Single image super－resolution with diffusion probabilistic models［J］. Neurocomputing,2022,479：47-59.

［48］SAHARIA C,HO J,CHAN W,et al. Image super－resolution via iterative refinement ［J］. IEEE Transactions on Pattern Analysis and Machine Intelligence,2022,45（4）：4713-4726.

［49］曹翔. 基于深度学习的图像超分辨率重建算法研究［D］. 华中科技大学,2022.

［50］QIU D,CHENG Y,WANG X. Residual dense attention networks for covid-19 computed tomography images super－resolution［J］. IEEE Transactions on Cognitive and Developmental Systems,2022,15（2）：904-913.

［51］ZHAO X,ZHANG Y,QIN Y,et al. Single mr image super－resolution via channel splitting and serial fusion network［J］. Knowledge-Based Systems,2022,246：108669.

［52］WU Q,LI Y,SUN Y,et al. An arbitrary scale super－resolution approach for 3d mr images via implicit neural representation［J］. IEEE Journal of Biomedical and Health

Informatics,2022,27（2）：1004-1015.

［53］HU M,JIANG K,WANG Z,et al. Cycmunet＋：Cycle-projected mutual learning for spatial-temporal video super－resolution［J］. IEEE Transactions on Pattern Analysis and Machine Intelligence,2023,45（11）：13376-13392.

［54］MA J,GUO S,ZHANG L. Text prior guided scene text image super－resolution［J］. IEEE Transactions on Image Processing,2023,32:1341-1353.

［55］XIAO Y,YUAN Q,JIANG K,et al. Ediffsr:An efficient diffusion probabilistic model for remote sensing image super－resolution［J］. IEEE Transactions on Geoscience and Remote Sensing,2023.

［56］孙超,吕俊伟,宫剑,等.结合小波变换与深度网络的图像超分辨率方法［J］.激光与光电子学进展,2018,55（12）:121006.

［57］MAO X,SHENC,YANG Y B. Image restoration using very deep convolutional encoder-decoder networks with symmetric skip connections［J］. Advances in neural information processing systems,2016,29.

［58］张丽.小波变换和深度学习单幅图像超分辨率算法研究［D］.信阳:信阳师范学院,2019.

［59］ZHANG Q,WANG H,YANG S. Image super－resolution using a wavelet-based generative adversarial network［J］. arXiv preprint arXiv:1907. 10213,2019.

［60］段立娟,武春丽,恩擎,等.基于小波域的深度残差网络图像超分辨率算法［J］.软件学报,2019,30（4）：941-953.

［61］DHAREJO F A,ZAWISH M,DEEBA F,et al. Multimodal-boost：Multimodal medical image super－resolution using multi-attention network with wavelet transform［J］. IEEE/ACM Transactions on Computational Biology and Bioinformatics,2022,20（4）：2420-2433.

［62］GUO T,SEYED MOUSAVI H, HUU VU T, et al. Deep wavelet prediction for image super-resolution［C］. Proceedings of the IEEE conference on computer vision and pattern recognition workshops,2017：104-113.

［63］HUANG H,HE R,SUN Z,et al. Wavelet-srnet:A wavelet-based cnn for multi-scale face super－resolution［C］. Proceedings of the IEEE international conference on computer vision,2017:1689-1697.

［64］ZHANG H,XIAO J,JIN Z. Multi-scale image super－resolution via a single extendable deep network［J］. IEEE Journal of Selected Topics in Signal Processing,2020, 15(2):253-263.

［65］HSU W Y,JIAN P W. Wavelet pyramid recurrent structure-preserving attention network for single image super－resolution［J］. IEEE Transactions on Neural Networks and Learning Systems,2023.

［66］FENG X,ZHANG W,SU X,et al. Optical remote sensing image denoising and super －resolution reconstructing using optimized generative network in wavelet transform domain［J］. Remote Sensing,2021,13(9):1858.

［67］GU J,YANG T S,YE J C,et al. Cyclegan denoising of extreme low-dose cardiac ct using waveletassisted noise disentanglement［J］. Medical image analysis, 2021, 74:102209.

［68］MA H,LIU D,YAN N,et al. End-to-end optimized versatile image compression with wavelet-like transform［J］. IEEE Transactions on Pattern Analysis and Machine Intelligence,2020,44(3):1247-1263.

［69］LUO Y,LI L,LIU J,et al. A multi-scale image watermarking based on integer wavelet transform and singular value decomposition［J］. Expert Systems with Applications, 2021,168:114272.

［70］CHEN W T,FANG H Y,HSIEH C L,et al. All snow removed:Single image desnowing algorithm using hierarchical dual-tree complex wavelet representation and contradict channel loss［C］. Proceedings of the IEEE/CVF International Conference on Computer Vision,2021:4196-4205.

［71］ZHANG W,ZHOU L,ZHUANG P,et al. Underwater image enhancement via weighted wavelet visual perception fusion［J］. IEEE Transactions on Circuits and Systems for Video Technology,2023,early access.

[72] TIAN C, ZHENG M, ZUO W, et al. Multi-stage image denoising with the wavelet transform[J]. Pattern Recognition, 2023, 134: 109050.

[73] LIU Y, LI Q, SUN Z. Attribute-aware face aging with wavelet-based generative adversarial networks[C]. Proceedings of the IEEE/CVF Conference on Computer Vision and Pattern Recognition, 2019: 11877-11886.

[74] FUJIEDA S, TAKAYAMAK, HACHISUKA T. Wavelet convolutional neural networks for texture classification[J]. arXiv preprint arXiv: 1707. 07394, 2017.

[75] LU H, WANG H, ZHANG Q, et al. A dual-tree complex wavelet transform based convolutional neural network for human thyroid medical image segmentation[C]. 2018 IEEE international conference on healthcare informatics (ICHI), 2018: 191-198.

[76] YOO J, UH Y, CHUN S, et al. Photorealistic style transfer via wavelet transforms[C]. Proceedings of the IEEE/CVF International Conference on Computer Vision, 2019: 9036-9045.

[77] GAO F, WANG X, GAO Y, et al. Sea ice change detection in sar images based on convolutional wavelet neural networks[J]. IEEE Geoscience and Remote Sensing Letters, 2019, 16(8): 1240-1244.

[78] DAI L, LIU X, LI C, et al. Awnet: Attentive wavelet network for image isp[C]. Computer Vision ECCV 2020 Workshops: Glasgow, UK, August 23-28, 2020, Proceedings, Part Ⅲ 16, 2020: 185-201.

[79] LI Q, SHEN L. Wavesnet: Wavelet integrated deep networks for image segmentation [C]. Chinese Conference on Pattern Recognition and Computer Vision (PRCV), 2022: 325-337.

[80] YAO T, PAN Y, LI Y, et al. Wave-vit: Unifying wavelet and transformers for visual representation learning [C]. European Conference on Computer Vision, 2022: 328-345.

[81] CHEN J, JIAO L, LIU X, et al. Multiresolution interpretable contourlet graph network for image classification[J]. IEEE Transactions on Neural Networks and Learning Systems, 2023, early access: 1-14.

［82］LIU M,JIAO L,LIU X,et al. Bio-inspired multi-scale contourlet attention networks ［J］. IEEE Trans actions on Multimedia,2023,26: 2824-2837.

［83］WILLIAMS T,LI R. Wavelet pooling for convolutional neural networks［C］. International conference on learning representations,2018.

［84］LI Q,SHEN L,GUO S,et al. Wavelet integrated cnns for noise-robust image classification［C］. Proceedings of the IEEE/CVF Conference on Computer Vision and Pattern Recognition,2020:7245-7254.

［85］DUAN Y,LIU F,JIAO L,et al. Sar image segmentation based on convolutional-wavelet neural network and markov random field［J］. Pattern Recognition,2017,64: 255-267.

［86］LI Q,SHEN L,GUO S,et al. Wavecnet:Wavelet integrated cnns to suppress aliasing effect for noise-robust image classification［J］. IEEE Transactions on Image Processing,2021,30: 7074-7089.

［87］BI X,ZHANG Z,LIU Y,et al. Multi-task wavelet corrected network for image splicing forgery detection and localization［C］. 2021 IEEE International Conference on Multimedia and Expo（ICME）,2021: 1-6.

［88］BANU A S,DEIVALAKSHMI S. Awunet:leaf area segmentation based on attention gate and wavelet pooling mechanism［J］. Signal,Image and Video Processing,2023, 17(5):1915-1924.

［89］MALLAT S G. A theory for multiresolution signal decomposition:the wavelet representation［J］. IEEE transactions on pattern analysis and machine intelligence,1989,11 (7): 674-693.

［90］CHANDRASEKHAR E,DIMRI V,GADRE V M. Wavelets and fractals in earth system sciences［M］. Taylor& Francis,2013.

［91］DRAGOTTI P L,VETTERLI M. Wavelet footprints: theory,algorithms,and applications［J］. IEEE Transactions on Signal Processing,2003,51(5):1306-1323.

［92］DEMIREL H, ANBARJAFARI G. Image resolution enhancement by using discrete and stationary wavelet decomposition［J］. IEEE transactions on image processing, 2010,20(5):1458-1460.

[93]ZHANG K,ZUO W,ZHANG L. Learning a single convolutional super − resolution network for multiple degradations[C]. Proceedings of the IEEE conference on computer vision and pattern recognition,2018：3262-3271.

[94]AKBARZADEH S,GHASSEMIAN H,VAEZI F. An efficient single image super resolution algorithm based on wavelet transforms[C].2015 9th Iranian Conference on Machine Vision and Image Processing（MVIP）,2015；111-114.

[95]KUMAR N,VERMA R,SETHI A. Convolutional neural networks for wavelet domain super resolution[J]. Pattern Recognition Letters,2017,90：65-71.

[96]刘斌,杜丹丹.基于 transformer 和不可分加性小波的图像超分辨率重建[J].图像与信号处理,2023,12（1）：40-50.

[97]ZHANG K,ZUO W,GU S,et al. Learning deep cnn denoiser prior for image restoration[C]. Proceedings of the IEEE conference on computer vision and pattern recognition,2017：3929-3938.

[98]KIM J,LEE J K,LEE K M. Deeply-recursive convolutional network for image super − resolution[C]. Proceedings of the IEEE conference on computer vision and pattern recognition,2016；1637-1645.

[99]TAI Y,YANG J,LIU X. Image super − resolution via deep recursive residual network [C]. Proceedings of the IEEE conference on computer vision and pattern recognition,2017：3147-3155.

[100]SHI W,CABALLERO J,HUSZáR F,et al. Real-time single image and video super − resolution using an efficient sub-pixel convolutional neural network[C]. Proceedings of the IEEE conference on computer vision and pattern recognition, 2016：1874-1883.

[101]LIM B,SON S,KIM H,et al. Enhanced deep residual networks for single image super-resolution[C]. Proceedings of the IEEE conference on computer vision and pattern recognition workshops,2017：136-144.

[102]ZHANG Y,TIAN Y,KONG Y,et al. Residual dense network for image super − reso-

lution[C]. Proceedings of the IEEE conference on computer vision and pattern recognition,2018: 2472-2481.

[103]ZHANG Y,LI K,LI K,et al. Image super－resolution using very deep residual channel attention networks[C]. Proceedings of the European conference on computer vision (ECCV),2018: 286-301.

[104]LAI W S,HUANG J B,AHUJA N,et al. Deep laplacian pyramid networks for fast and accurate super-resolution[C]. Proceedings of the IEEE conference on computer vision and pattern recognition, 2017: 624-632.

[105]WANG Y,PERAZZI F,MCWILLIAMS B,et al. A fully progressive approach to single-image super-resolution[C]. Proceedings of the IEEE conference on computer vision and pattern recognition workshops,2018: 864-873.

[106]SUM J,XU Z,SHUM HY. Gradient profile prior and its applications in image super－resolution and enhancement[J]. IEEE Transactions on Image Processing,2010, 20(6):1529-1542.

[107]YANG J,WRIGHT J,HUANG T,et al. Image super－resolution as sparse representation of raw image patches[C]. 2008 IEEE conference on computer vision and pattern recognition,2008:1-8.

[108]AHMED A,KUN S,MEMON R A,et al. Convolutional sparse coding using wavelets for single image super－resolution[J]. IEEE Access,2019,7:121350-121359.

[109]ZHA Z,YUAN X,ZHOU J,et al. Image restoration via simultaneous nonlocal self-similarity priors[J]. IEEE Transactions on Image Processing,2020,29: 8561-8576.

[110]ZHA Z,WEN B,YUAN X,et al. A hybrid structural sparsification error model for image restoration[J]. IEEE Transactions on Neural Networks and Learning Systems, 2021,33(9): 4451-4465.

[111]CRESWELL A,WHITE T,DUMOULIN V,et al. Generative adversarial networks: An overview[J]. IEEE signal processing magazine,2018,35(1): 53-65.

[112]WOO S,PARK J,LEE J Y,et al. Cbam: Convolutional block attention module[C]. Proceedings of the European conference on computer vision (ECCV),2018: 3-19.

［113］HOU M,LIU S,ZHOU J,et al. Extreme low-resolution activity recognition using a super－resolution oriented generative adversarial network［J］. Micromachines,2021, 12(6):670.

［114］ZHANG S,LIANG G,PAN S,et al. A fast medical image super resolution method based on deep learning network［J］. IEEE Access,2018,7:12319-12327.

［115］OUAHABI A. A review of wavelet denoising in medical imaging［C］. 2013 8th international workshop on systems,signal processing and their applications (WoSSPA), 2013:19-26.

［116］SID AHMED S,MESSALI Z,OUAHABI A,et al. Nonparametric denoising methods based on contourlet transform with sharp frequency localization:Application to low exposure time electron microscopy images［J］. Entropy,2015,17(5):3461-3478.

［117］CHERUKURI V,GUO T,SCHIFF S J,et al. Deep mr brain image super－resolution using spatio-structural priors［J］. IEEE Transactions on Image Processing,2020,29: 1368-1383.

［118］YOU C,LI G,ZHANG Y,et al. Ct super－resolution gan constrained by the identical,residual,and cycle learning ensemble (gan-circle)［J］. IEEE transactions on medical imaging,2019,39(1):188-203.

［119］KENNEDY J A,LSRAEL O,FRENKEL A,et al. Super-resolution in pet imaging ［J］. IEEE transactions on medical imaging,2006,25(2):137-147.

［120］DOU Q,WEI S,YANG X,et al. Medical image super－resolution via minimum error regression model selection using random forest［J］. Sustainable Cities and Society, 2018,42:1-12.

［121］NAZZAL M,OZKARAMANLI H. Wavelet domain dictionary learning-based single image superresolution［J］. Signal,Image and Video Processing,2015,9:1491-1501.

［122］AYAS S,EKINCI M. Single image super resolution based on sparse representation using discrete wavelet transform［J］. Multimedia Tools and Applications,2018,77: 16685-16698.

［123］MA C,ZHU J,LI Y,et al. Single image super resolution via wavelet transform fusion and srfeat network[J]. Journal of Ambient Intelligence and Humanized Computing, 2020,1-9.

[124] MA W,PAN Z,GUO J,et al. Achieving super－resolution remote sensing images via the wavelet transform combined with the recursive res-net[J]. IEEE Transactions on Geoscience and Remote Sensing,2019,57(6): 3512-3527.

[125] DEEBA F,KUN S,DHAREJO F A,et al. Wavelet-based enhanced medical image super resolution[J]. IEEE Access,2020,8: 37035-37044.

[126] CHOLLET F. Xception:Deep learning with depthwise separable convolutions[C]. Proceedings of the IEEE conference on computer vision and pattern recognition, 2017:1251-1258.

[127] ZHANG X,ZHOU X,LIN M,et al. ShuffleNet: An extremely efficient convolutional neural network for mobile devices[C]. Proceedings of the IEEE conference on computer vision and pattern recognition,2018: 6848-6856.

[128] HOWARD A,SANDLER M,CHU G,et al. Searching for mobilenetv3[C]. Proceedings of the IEEE/CVF international conference on computer vision,2019:1314-1324.

[129] HAN K,WANG Y,TIAN Q,et al. Ghostnet: More features from cheap operations[C]. Proceedings of the IEEE/CVF conference on computer vision and pattern recognition, 2020:1580-1589.

[130] JAEGER S,CANDEMIR S,ANTANI S,et al. Two public chest x-ray datasets for computer-aided screening of pulmonary diseases[J]. Quantitative imaging in medicine and surgery,2014,4(6): 475.

[131] OLIVEIRA H,DOS SANTOS J. Deep transfer learning for segmentation of anatomical structures in chest radiographs[C]. 2018 31st SIBGRAPI Conference on Graphics,Patterns and Images (SIB- GRAPI),2018: 204-211.

[132] LI K,YANG S,DONG R,et al. Survey of single image super－resolution reconstruction [J]. IET Image Processing,2020,14(11): 2273-2290.

[133] ZHAO M,LIU X,LIU H,et al. Super-resolution of cardiac magnetic resonance images using laplacian pyramid based on generative adversarial networks[J]. Computerized

Medical Imaging and Graphics,2020,80：101698.

［134］TANG R,CHEN L,ZHANG R,et al. Medical image super－resolution with laplacian dense network［J］. Multimedia Tools and Applications,2022,1-14.

［135］XIA H, YANG Y, Hu X. Laplacian generative adversarial networks for multi-scale super-resolution［C］. 2020 IEEE 5th Information Technology and Mechatronics Engineering Conference (ITOEC),2020:1543-1547.

［136］LAI W S,HUANG J B,AHUJA N,et al. Fast and accurate image super－resolution with deep laplacian pyramid networks［J］. IEEE transactions on pattern analysis and machine intelligence,2019, 41(11)：2599-2613.

［137］ANWAR S,BARNES N. Densely residual laplacian super－resolution［J］. IEEE Transactions on Pattern Analysis and Machine Intelligence,2020,44(3):1192-1204.

［138］ZHAO K,LIAO K,LIN C,et al. Joint distortion rectification and super－resolution for self-driving scene perception［J］. Neurocomputing,2021,435：176-185.

［139］MUSUNURI Y R,KWON O S,KUNG S Y. Srodnet：Object detection network based on super resolution for autonomous vehicles［J］. Remote Sensing,2022,14(24)：6270.

［140］AN L,THAKOOR N,BHANU B. Vehicle logo super－resolution by canonical correlation analysis［C］. 2012 19th IEEE international conference on image processing,2012：2229-2232.

［141］WANG F,SHI J,TANG X,et al. Cnn-based super－resolution reconstruction for traffic sign detection［C］. 2019 IEEE Symposium Series on Computational Intelligence (SSCI),2019：1208-1213.

［142］ZHOU L,MIN W,LIN D,et al. Detecting motion blurred vehicle logo in iov using filter-deblurgan and vl-yolo［J］. IEEE Transactions on Vehicular Technology,2020,69(4)：3604-3614.

［143］PAN S,CHEN S B,LUO B. A super－resolution-based license plate recognition method for remote surveillance［J］. Journal of Visual Communication and Image Representation,2023,94：103844.

[144]GUARNIERI G,FONTANI M,GUZZI F,et al. Perspective registration and multi-frame super－resolution of license plates in surveillance videos[J]. Forensic Science International：Digital Investigation,2021,36：301087.

[145]YU Y,SHE K,LIU J. Wavelet frequency separation attention network for chest x-ray image super-resolution[J]. Micromachines,2021,12(11):1418.

[146]LUO Y,SHEK,YU Y,et al. Research on vehicle logo recognition technology based on memristive neural network[J]. J. Inf. Secur. Res. ,2021,7: 715-727.

[147]TONG T,LI G,LIU X,et al. Image super－resolution using dense skip connections [C]. Proceedings of the IEEE international conference on computer vision,2017: 4799-4807.

[148]SHI J,LI Z,YING S,et al. Mr image super－resolution via wide residual networks with fixed skip connection[J]. IEEE journal of biomedical and health informatics,2019,23 (3):1129-1140.

[149]LYU Q,SHAN H,WANG G. Mri super－resolution with ensemble learning and complementary priors [J]. IEEE Transactions on Computational Imaging, 2020, 6：615-624.

[150]SONG T A,CHOWDHURY S R,YANG F,et al. Pet image super－resolution using generative adversarial networks[J]. Neural Networks,2020,125: 83-91.

[151]YOU S,LEI B,WANG S,et al. Fine perceptive gans for brain mr image super－resolution in wavelet domain[J]. IEEE transactions on neural networks and learning systems,2022,34(11):8802- 8814.

[152]GAO S,ZHUANG X. Multi-scale deep neural networks for real image super－resolution[C]. Proceedings of the IEEE/CVF conference on computer vision and pattern recognition workshops,2019:0-0.

[153]LI Z,ZHENG C,SHU H,et al. Dual-scale single image dehazing via neural augmentation[J]. IEEE Transactions on Image Processing,2022,31: 6213-6223.

[154]YANG A,LI L,WANG J,et al. Non-linear perceptual multi-scale network for single

image super-resolution[J]. Neural Networks,2022,152:201-211.

[155]ZHENG C,JIA W,WU S,et al. Neural augmented exposure interpolation for two large-exposureratio images[J]. IEEE Transactions on Consumer Electronics,2022, 69(1):87-97.

[156]JI L,ZHU Q,ZHANG Y,et al. Cross-domain heterogeneous residual network for single image super – resolution[J]. Neural Networks,2022,149:84-94.

[157]LEE G,GOMMERS R,WASELEWSKI F,et al. Pywavelets:A python package for wavelet analysis[J]. Journal of Open Source Software,2019,4(36):1237.

[158]COTTER F. Uses of complex wavelets in deep convolutional neural networks[D]. Cambridge:University of Cambridge,2020.

[159]LIU P,ZHANG H,ZHANG K,et al. Multi-level wavelet-cnn for image restoration [C]. Proceedings of the IEEE conference on computer vision and pattern recognition workshops,2018:773-782.

[160]DENG X,YANG R,XU M,et al. Wavelet domain style transfer for an effective perception-distortion tradeoff in single image super – resolution[C]. Proceedings of the IEEE/CVF international conference on computer vision,2019:3076-3085.

[161]HSU W Y, CHEN P C. Pedestrian detection using stationary wavelet dilated residual super-resolution[J]. IEEE Transactions on Instrumentation and Measurement,2022, 71:1-11.

[162]WANG Z,CHEN J,HOI S C. Deep learning for image super – resolution:A survey [J]. IEEE transactions on pattern analysis and machine intelligence,2020,43(10): 3365-3387.

[163]LI K,XIE W,DU Q,et al. Ddlps:Detail-based deep laplacian pansharpening for hyperspectral imagery[J]. IEEE Transactions on Geoscience and Remote Sensing, 2019,57(10):8011-8025.

[164]CAO F,YAO K,LIANG J. Deconvolutional neural network for image super – resolution[J]. NeuralNetworks,2020,132:394-404.

[165] TIAN C, YUAN Y, ZHANG S, et al. Image super－resolution with an enhanced group convolutional neural network[J]. Neural Networks, 2022, 153: 373-385.

[166] LIU Z, LI Z, WU X, et al. Dsrgan: detail prior-assisted perceptual single image super－resolution via generative adversarial networks[J]. IEEE Transactions on Circuits and Systems for Video Technology, 2022, 32(11): 7418-7431.

[167] ZHOU S K, GREENSPAN H, DAVATZIKOS C, et al. A review of deep learning in medical imaging: Imaging traits, technology trends, case studies with progress highlights, and future promises[J]. Proceedings of the IEEE, 2021, 109(5): 820-838.

[168] OULEFKI A, AGAIAN S, TRONGTIRAKUL T, et al. Automatic covid-19 lung infected region segmentation and measurement using ct-scans images[J]. Pattern recognition, 2021, 114: 107747.

[169] ZHOU L, LI Z, ZHOU J, et al. A rapid, accurate and machine-agnostic segmentation and quantification method for ct-based covid-19 diagnosis[J]. IEEE transactions on medical imaging, 2020, 39(8): 2638-2652.

[170] QIU Y, LIU Y, LI S, et al. Miniseg: an extremely minimum network based on lightweight multiscale learning for efficient covid-19 segmentation[J]. IEEE Transactions on Neural Networks and Learning Systems, 2022, early access.

[171] SUN L, MO Z, YAN F, et al. Adaptive feature selection guided deep forest for covid-19 classification with chest ct[J]. IEEE Journal of Biomedical and Health Informatics, 2020, 24(10): 2798-2805.

[172] ABDAR M, SALARI S, QAHREMANI S, et al. Uncertaintyfusenet: robust uncertainty-aware hierarchical feature fusion model with ensemble monte carlo dropout for covid-19 detection[J]. Information Fusion, 2023, 90: 364-381.

[173] GAO G, TANG L, WU F, et al. Jdsr-gan: Constructing an efficient joint learning network for masked face super－resolution[J]. IEEE Transactions on Multimedia, 2023, 25: 1505-1512.

[174] LIU Z, MAO H, WU C Y, et al. A convnet for the 2020s[C]. Proceedings of the IEEE/CVF conference on computer vision and pattern recognition, 2022:

　　11976-11986.

［175］YANG X，HEX，ZHAO J，et al. Covid-ct-dataset：a ct scan dataset about covid-19
　　　　［J］. arXiv preprintarXiv：2003. 13865，2020.

［176］COHEN J P，MORRISON P，DAO L，et al. Covid-19 image data collection：Prospec-
　　　　tive predictions are the future［J］. arXiv preprint arXiv：2006. 11988，2020.

［177］KINGMA D P，BA J. Adam：A method for stochastic optimization［J］. arXiv preprint
　　　　arXiv：1412. 6980，2015.

［178］LOSHCHILOV I，HUTTER F. Sgdr：Stochastic gradient descent with warm restarts
　　　　［J］. arXiv preprint arXiv：1608. 03983，2017.

［179］LIANG J，CAO J，SUN G，et al. Swinir：Image restoration using swin transformer
　　　　［C］. Proceedings of the IEEE/CVF international conference on computer vision，
　　　　2021：1833-1844.

［180］LEE J，JIN K H. Local texture estimator for implicit representation function［C］. Pro-
　　　　ceedings of the IEEE/CVF conference on computer vision and pattern recognition，
　　　　2022：1929-1938.

［181］GEORGESCU M I，IONESCU R T，MIRON A I，et al. Multimodal multi-head convo-
　　　　lutional attention with various kernel sizes for medical image super－resolution［C］.
　　　　Proceedings of the IEEE/CVF winter conference on applications of computer vision，
　　　　2023：2195-2205.

［182］CHUNG H，LEE E S，YE J C. Mr image denoising and super－resolution using regu-
　　　　larized reverse diffusion［J］. IEEE Transactions on Medical Imaging，2022，42(4)：
　　　　922-934.

［183］KUMAR A，SINGH H V，KHARE V. Tchebichef transform domain-based deep learn-
　　　　ing architecture for image super－resolution［J］. IEEE Transactions on Neural Net-
　　　　works and Learning Systems，2022，35(2)：2182-2193.

［184］WANG C，LV X，SHAO M，et al. A novel fuzzy hierarchical fusion attention convolu-
　　　　tion neural network for medical image super－resolution reconstruction［J］. Informa-
　　　　tion Sciences，2023，622：424-436.

［185］ZHU F,FANG C,MA K K. Pnen：Pyramid non-local enhanced networks［J］. IEEE Transactions on Image Processing,2020,29：8831-8841.

［186］HAN X,WANG H,LI X,et al. Pyramid attention"zero-shot"network for single-image super-resolution［J］. IEEE Transactions on Network Science and Engineering,2022,9(6)：4028-4039.

［187］LI Z,KUANG Z S,ZHU Z L,et al. Wavelet-based texture reformation network for image super-resolution［J］. IEEE Transactions on Image Processing,2022,31：2647-2660.

［188］YU Y,SHE K,LIU J,et al. A super－resolution network for medical imaging via transformation analysis of wavelet multi-resolution［J］. Neural Networks,2023,166：162-173.

［189］DENG Y,LIN S,FU L,et al. New criterion of converter transformer differential protection based on wavelet energy entropy［J］. IEEE Transactions on Power Delivery,2019,34(3)：980-990.

［190］SUN Y,CAO Y,LI P. Contactless fault diagnosis for railway point machines based on multi-scale fractional wavelet packet energy entropy and synchronous optimization strategy［J］. IEEE Transactions on Vehicular Technology,2022,71(6)：5906-5914.

［191］LI Z,SHU H. Multi-scale model driven single image dehazing［C］. 2021 IEEE International Conference on Image Processing(ICIP),2021：2004-2008.

［192］LI Z,SHU H,ZHENG C. Multi-scale single image dehazing using laplacian and gaussian pyramids［J］. IEEE Transactions on Image Processing, 2021, 30：9270-9279.

［193］LIU Y,JIA Q,ZHANG J,et al. Hierarchical similarity learning for aliasing suppression image super-resolution［J］. IEEE Transactions on Neural Networks and Learning Systems,2022,35(2)：2759-2771.

［194］HSU W Y, JIAN P W. Detail-enhanced wavelet residual network for single image super-resolution［J］. IEEE Transactions on Instrumentation and Measurement,2022,71：1-13.

[195]WANG Q,CHEN Z. Parallel wavelet networks incorporating modality adaptation for hyperspectral image super − resolution[J]. Expert Systems with Applications,2024, 235:121299.

[196] KITAMURA F C. Head ct-hemorrhage, https://www. kaggle. com/dsv/ 152137,2018.

[197]DADARIO A M V. Covid-19 x rays,https://www. kaggle. com/dsv/1019469,2020.

[198]ALYASRIY H,MUAYED A. The iq-othnccd lung cancer dataset[J]. Mendeley Data,2020,1(1): 1-13.

[199]ZAMIR S W,ARORA A,KHAN S,et al. Learning enriched features for fast image restoration and enhancement[J]. IEEE transactions on pattern analysis and machine intelligence,2022,45(2):1934-1948.

[200]PARK S H,MOON Y S,CHO N I. Perception-oriented single image super − resolution using optimal objective estimation[C]. Proceedings of the IEEE/CVF Conference on Computer Vision and Pattern Recognition,2023: 1725-1735.

[201]WANG Z,BOVIK A C,SHEIKH H R,et al. Image quality assessment: from error visibility to structural similarity[J]. IEEE transactions on image processing,2004,13 (4): 600-612.

[202]ZHANG R,ISOLA P,EFROS A A,et al. The unreasonable effectiveness of deep features as a perceptual metric[C]. Proceedings of the IEEE conference on computer vision and pattern recognition,2018: 586-595.